院士寄语

林群

中国科学院院士

普及科学技术知识、弘扬科学精神、传播科学思想、倡导科学方法，为我国实现高水平科技自立自强贡献力量！

林群

刘大响

中国工程院院士

仰望星空　放飞梦想

脚踏实地　砥砺奋进

刘大响

戚发轫

中国工程院院士

不忘空天报国的初心

牢记空天强国的使命

戚发轫

徐惠彬

中国工程院院士

深化人才发展体制机制改革，激发青年科技人才创新活力。

徐惠彬

赵沁平

中国工程院院士

使我国科技从跟踪追赶世界科技强国，质变为与世界科技强国并跑，进而领跑世界科技，是新时代青年拔尖创新人才的历史际遇和伟大的历史使命。

赵沁平

王华明

中国工程院院士

交叉融合
開拓創新

王華明

房建成

中国科学院院士

服务国家重大需求，
勇攀世界科技高峰。

房建成

郑志明

中国科学院院士

在强调基础创新的时代，追求推动现代工程技术重大发展的科学原理，比简单占有和应用科技知识更为可贵。

郑志明

向锦武

中国工程院院士

求是惟真
探索尽前

向锦武

苏东林

中国工程院院士

牢记北航人传统，传承电磁人文化，
报效祖国，服务国防。

苏东林

王自力

中国工程院院士

牢记科技强国、航天报国使命责任，
踔厉奋发、创新争先、笃行不怠，
为祖国高水平科技自立自强和人类
美好明天而不懈奋斗。

王自力

钱德沛

中国科学院院士

脚踏实地，不断登攀，
把青春岁月献给亲爱的祖国！

钱德沛

北京航空航天大学科学技术研究院◎组编

人民邮电出版社
北京

图书在版编目（CIP）数据

青年拔尖人才说制造. 第一辑 / 北京航空航天大学科学技术研究院组编. -- 北京 : 人民邮电出版社, 2023.3
ISBN 978-7-115-60212-1

Ⅰ. ①青… Ⅱ. ①北… Ⅲ. ①智能制造系统—普及读物 Ⅳ. ①TH166-49

中国版本图书馆CIP数据核字(2022)第188472号

内 容 提 要

本书基于北京航空航天大学科学技术研究院组织的“零壹科学沙龙”智能制造专题研讨活动，在11篇由青年拔尖人才基于各自取得的阶段性科研成果所做的科普报告的基础上整理、集结而成。全书主要涵盖了变极性等离子弧穿孔立焊、仿生感知微系统、复合材料成型制造技术、航空发动机复合材料风扇叶片制造技术、激光清洗技术、金属增材制造技术、工业互联网与数字孪生、电弧增材制造、激光冲击强化技术、脉冲焊接、切削等内容。

本书以通俗的语言介绍智能制造领域前沿的科技知识，适合广大科技爱好者阅读，也可作为相关专业研究人员的参考书。

◆ 组　　编　北京航空航天大学科学技术研究院
责任编辑　刘盛平
责任印制　焦志炜

◆ 人民邮电出版社出版发行　　北京市丰台区成寿寺路11号
邮编　100164　　电子邮件　315@ptpress.com.cn
网址　https://www.ptpress.com.cn
北京捷迅佳彩印刷有限公司印刷

◆ 开本：700×1000　1/16　　彩插：2
印张：12.5　　2023年3月第1版
字数：181千字　　2023年3月北京第1次印刷

定价：59.80元

读者服务热线：(010)81055552　印装质量热线：(010)81055316
反盗版热线：(010)81055315
广告经营许可证：京东市监广登字20170147号

丛书编委会

本书编委会

主　编：杨明轩

编　委（按姓氏笔画排序）：

王泉杰　从保强　朱言言　孙剑飞
李小强　肖文磊　杨明轩　张武翔
陈树君　郭　伟　蒋　凡　蒋永刚
管迎春

FOREWORD 序

党的十八大以来，习近平总书记对高等教育提出了一系列新论断、新要求，并多次对高等教育、特别是“双一流”高校提出明确要求，重点强调了基础研究和学科交叉融合的重要意义。基础研究是科技创新的源头，是保障民生和攀登科学高峰的基石，“高水平研究型大学要发挥基础研究深厚、学科交叉融合的优势，成为基础研究的主力军和重大科技突破的生力军”。

北京航空航天大学（简称“北航”）作为新中国成立后建立的第一所航空航天高等学府，一直以来，全校上下团结拼搏、锐意进取，紧紧围绕“立德树人”的根本任务，持续培养一流人才，做出一流贡献。学校以国家重大战略需求为先导，强化基础性、前瞻性和战略高技术研究，传承和发扬有组织的科研，在航空动力、关键原材料、核心元器件等瓶颈领域的研究取得重大突破，多项标志性成果直接应用于国防建设，为推进高水平科技自立自强贡献了北航力量。

2016年，北航启动了“青年拔尖人才支持计划”，重点支持在基础研究和应用研究方面取得突出成绩且具有明显创新潜力的青年教师自主选择研究方向、开展创新研究，以促进青年科学技术人才的成长，培养和造就一批有望进入世界科技前沿和国防科技创新领域的优秀学术带头人或学术骨干。

为鼓励青年拔尖人才与各合作单位的专家学者围绕前沿科学技术方向

及国家战略需求开展“从 0 到 1”的基础研究，促进学科交叉融合，发挥好“催化剂”的作用，形成创新团队联合攻关“卡脖子”技术，2019 年 9 月，北航科学技术研究院组织开展了“零壹科学沙龙”系列专题研讨活动。每期选定 1 个前沿科学研究主题，邀请 5 ～ 10 位中青年专家做主题报告，相关领域的研究人员、学生及其他感兴趣的人员均可参与交流讨论。截至 2022 年 11 月底，活动已累计开展了 38 期，共邀请了 222 位中青年专家进行主题报告，累计吸引了 3000 余名师生参与。前期活动由北航科学技术研究院针对基础前沿、关键技术、国家重大战略需求选定主题，邀请不同学科的中青年专家做主题报告。后期活动逐渐形成品牌效应，很多中青年专家主动报名策划报告主题，并邀请合作单位共同参与。3 年多来，“零壹科学沙龙”已逐渐被打造为学科交叉、学术交流的平台，开放共享、密切合作的平台，转化科研优势、共育人才的平台。

将青年拔尖人才基础前沿学术成果、“零壹科学沙龙”部分精彩报告内容集结成书，分辑出版，力图对复杂高深的科学知识进行有针对性和趣味性的讲解，以“宣传成果、正确导向，普及科学、兼容并蓄，立德树人、精神塑造”为目的，可向更多读者，特别是学生、科技爱好者，讲述一线科研工作者的生动故事，为弘扬科学家精神、传播科技文化知识、促进科技创新、提升我国全民科学素质、支撑高水平科技自立自强尽绵薄之力。

北京航空航天大学副校长

2022 年 12 月

PREFACE 前言

党的二十大报告提出，要坚持把发展经济的着力点放在实体经济上，推进新型工业化，加快建设制造强国、质量强国、航天强国、交通强国、网络强国、数字中国。要加快建设制造强国，发展高质量、智能化、数字化的制造业，提升我国科技与工程核心竞争力无疑是关键。放眼全球，德国工业 4.0 强调制造技术基础革新，我国制造强国建设侧重存量发展，通过“互联网 +”实现产业结构变化，推动增产，二者结合为我们描绘了未来制造业质变、量变的综合发展蓝图。

制造业高质量发展离不开智能化技术的支撑，在数字化转型浪潮下，以航空航天领域为代表的高端制造业逐步开始大规模推进先进制造技术、工艺与智能化、数字化装备建设。国家重大战略需求与工程应用也对制造行业提出了一系列新的要求，以各类金属基、陶瓷基复合材料，增材制造，智能传感，数字孪生等为代表的新材料、新技术、新工艺开始发挥着越来越重要的作用。

北京航空航天大学作为新中国建立的第一所航空航天高等学府，1952 年建校时第一批 4 个专业中就有飞机工艺、发动机工艺两个制造专业，这是我国现代高等航空制造工程教育的开始。20 世纪 80 年代，在两个制造专业的基础上发展为包括飞行器制造工程、机械制造工程、金属压力加工、控制与检测技术、焊接工艺与设备 5 个专业的制造工程系，一代代制造人取得了一系列开创性成果。进入 21 世纪后，面向航空航天重大需求的先进制造、智能制造技术与装备成为制造类学科关注的重点和主要发展方向，制造类学科与科研团队以《“十四五”智能制造发展规划》为引领，加快系统创新和产业应用，立足空天报国，增强融合发展新动能，服务于国家对制造业数智化发展的新要求，匹配全球技术发展和产业转型新趋势。

本书以航空航天、前沿热点等工程应用为背景，从先进制造和智能制造两个层面展现技术的魅力，全面覆盖制造技术、感知技术、数字技术的基础研究与工艺创新。希望这本书能给有志于从事制造业的广大科技工作者以启迪，不断推动我国高端制造装备与技术发展，更希望本书能够激发普通读者的科学兴趣，增强科学素养。

北京航空航天大学机械工程及自动化学院教授

2022 年 12 月

目录 CONTENTS

目录 CONTENTS

目录 CONTENTS

目录 CONTENTS

目录 CONTENTS

制造翱翔太空的“无缝天衣”
——变极性等离子弧穿孔立焊

北京工业大学材料与制造学部

蒋　凡　陈树君

从七仙女和董永的传说到敦煌飞天，无不向我们描述了无缝天衣的灵动和神奇。而今，我们已经知道月亮上没有嫦娥，霓裳羽衣也仅仅是个传说，但太空是一个高真空、微重力、强辐射、温度变化非常剧烈的极端恶劣环境，为了在冷寂的宇宙中探索求知，我们需要一件保护我们脆弱生命并提供足够科研环境空间的“无缝天衣”。

作为我国的首个空间实验室，天宫一号目标飞行器在升入太空后的三年中，多次与神舟系列载人飞船成功交会对接，让中国成为世界上第三个掌握空间飞行器交会对接能力的航天大国，并获取了大量有价值的数据信息和应用成果。对很多人来说，天宫一号目标飞行器意味着我国航天科技的进步，意味着不久的将来我们能建造真正的“太空家园”；而对众多奋斗在一线的科研工作者来说，天宫一号目标飞行器还意味着更多的东西——见证了自己多年来的工作和努力。其中，北京工业大学焊接技术研究团队应用自主研发的“变极性等离子弧（variable polarity plasma arc，VPPA）穿孔立焊工艺及装备”与北京卫星制造厂密切配合，完成了天宫一号目标飞行器主体结构的焊装工作，让“天宫”穿着中国人自己焊接的“外衣”，在天地间自由翱翔，让世界叹服。

变极性等离子弧穿孔立焊技术的意义

20 世纪 90 年代，由美国、俄罗斯、加拿大等 16 个国家参与的人类历史上最大的航天工程——国际空间站开始研制。我国曾表达过参与国际空间站建设的意向，但被美国拒绝，这也迫使我国的载人航天必须立足于自主开发。2003 年 10 月 15 日，我国的神舟五号载人飞船成功地将航天员杨利伟送入太空，标志着我国载人航天计划的第一阶段任务已经完成，接着开始着手开发大型的载人航天器，为建设短期有人照料的空间站做准备。与第一阶段的载人飞船相比，作为我国首个进入太空的目标飞行器——天宫一号的尺寸大幅增加，精度和密封指标提高，在轨寿命提高，对质量的控制也更加严格。长期在轨的密封性要求，使其必须采用金属薄壁壳体结构且通过焊接工艺进行装配，这对焊接装配制造的焊缝质量、焊接变形和可靠性提出了极其严格的要求[1]。

天宫一号目标飞行器总长 10.4 m，最大直径 3350 mm，但最薄处只有 2 mm 厚，焊缝还要经受太空环境的考验。由于零件复杂，组焊多达几十次，单道焊缝的长度超过 10 m，北京卫星制造厂首先用我国航天工程早期“三结合”攻关中发明的“两面三层”钨极惰性气体保护焊工艺（正面打底、盖面，背面清根封焊）焊出了天宫一号目标飞行器的模样，然而变形非常严重，并多次因气孔超标导致整个产品报废。为此，开发一种高可靠、适合载人航天器“高精度控形，低损伤控性”要求的新型焊接工艺迫在眉睫！

铝合金的密度是钢的三分之一，是航空航天行业的主要结构材料。对于铝合金表面存在的致密氧化膜，必须采用交流钨极氩弧焊接工艺，利用铝为负极的“阴极破碎”作用清理。但氧化膜的清理只要“适量”即可，过度清理反而会影响焊接过程的稳定性和焊缝质量。变极性（variable polarity, VP）焊接电源实质上是一种正负半波的、幅值和时间都可调整的不对称交流方波电源，可以在保证适合阴极清理效果前提下减小钨电极烧损的同时增加焊接熔深。

等离子弧（plasma arc, PA）焊接将钨电极缩到水冷喷嘴内部，并向喷嘴内部通入适量的氩气（一般称为离子气），这样电弧就会受到喷嘴孔径的“机械压缩”、喷嘴水冷的“热压缩”以及离子气充分电离的“电压缩”的联合作用，电弧能量密度高达 50 000 W/mm^2，电弧力也比普通电弧高数倍。

铝合金焊接还要处理气孔缺陷问题。由于铝合金液相比固相的溶氢能力高 30 多倍，焊接过程的快速凝固往往会导致氢气泡来不及溢出熔池而形成焊接气孔，对此的基本解决思路是增大熔池的液相保持时间和“摊薄”熔池。穿孔型焊接是解决气孔缺陷的有效措施。

变极性等离子弧穿孔立焊技术综合了“变极性焊接”“等离子弧焊接”和“穿孔焊接”的优点[2]，为解决液相铝合金黏性小，熔池不易保持的问题，采用垂直向上施焊的方式，用先凝固的焊缝“托住”熔池。这样，等离子射流就能直接穿透被焊工件，形成一个贯穿工件厚度方向的小孔。随着小孔的垂直向上移动，熔融金属会沿孔壁向下流淌形成焊缝。中等厚度的铝合金在不开坡口、无须背面强制成形保护条件下，可以实现单面一次焊双面良好成形的效果。铝合金的变极性等离子弧穿孔立焊工艺使熔融金属向下流淌时扩大了熔池液相金属表面积，从而大幅增加了气泡的溢出机会，焊缝气孔率极低，被称为“无缺陷焊接工艺”。

目前来看，在焊接大型中等厚度铝合金壁板结构方面，采用变极性等离子弧穿孔立焊技术是最佳的解决方案，在国外航天器制造领域也得到较为普遍的应用，具有不可替代的地位，属于核心工艺技术。美国国家航空航天局马歇尔宇航中心采用变极性等离子弧穿孔立焊技术焊接航天飞机外贮箱，共焊接了 900 m 长的焊缝，经 100% 的 X 射线检测，未发现任何内部缺陷，焊缝质量也比钨极惰性气体保护焊有明显提高。美国波音公司采用此工艺方法焊接自由号空间站，实现了焊缝长达 2080 m 的“无缺陷”焊接。目前，美国航天飞机约 90% 的外贮箱焊缝均采用变极性等离子弧穿孔立焊工艺。

然而，对于这样高精度的焊接技术，当时国内鲜有尝试。长期以来，欧美国家在航空航天等敏感领域的高端焊接技术上对我国进行了严密的封锁，对想购买此类焊接设备的中国航天单位开出了 3000 万元的“天价”。搞变极性等离子弧穿孔立焊装备，最初就是为了压低进口设备的报价。但是项目上马之初，外国人并不相信中国人能攻破这项技术。

电源稳定和电弧稳定的关键：从零到一的突破

1998 年，北京工业大学焊接技术研究所的殷树言教授受邀前往首都航天机械公司参观，了解了当时巨资引进的变极性等离子弧穿孔立焊装备的应用困难后，对当时尖端领域的焊接方法进行了深入调研。调研发现，我国铝合金的航天制造工艺多承袭于苏联，虽然自动氩弧焊接工艺开始推广，但是焊接质量难有质的提升，焊接装配能力是航天制造的主要瓶颈，急需高质量焊接装备的更新。凭借扎实的焊接装备开发功底，北京工业大学焊接技术研究团队瞄准这项国际先进技术开始进行自主立项攻关。

首先是电源技术的公关。前面已经提到，天宫一号目标飞行器的主体结构需要焊接几十条缝，单道焊缝的长度超过 10 m，要焊接一个半小时左右。因此电源必须绝对稳定，以确保电弧不出现任何波动，否则，天宫一号目标飞行器的“外衣”就会留下一道难看的“刀疤”；在太空中，舱体内部和外界环境的巨大差异让任何一处微小的缺陷都会被急剧放大，从而给航天员安全造成严重影响。在焊接过程中，必须采用交流钨极氩弧焊接工艺清理铝合金表面的致密氧化膜，但是电弧在交流过零点的瞬间，由于没有能量输入，电子会在很短时间内（10^{-5} s）丧失能量，导致电弧熄灭。前面还提到，铝合金焊接的另一个问题是气孔缺陷问题，对此的基本解决思路是增大熔池的液相保持时间和“摊薄”熔池，因此变极性等离子弧穿孔立焊技术是解决气孔缺陷的有效措施，但是电子运动时具有典型的“欺软怕硬”的特性，往往挑选轻松愉快的路径前行，和焊枪喷嘴孔道内的重重压缩相比，显然喷嘴自身的导电通路是一条“阳光大道”，如何让电弧“迎难而上”，也是一个令人头痛的问题。陈树君和团队成员不知经历了多少不眠之夜和奔波劳碌，终于发现了保持电源稳定的以下关键解决方案。

（1）探明了等离子弧零流瞬时行为机理，利用逆变电源快速响应加快电流过零速度，并在换向时采用“电压 + 电流”脉冲联合稳弧技术使电弧保持在较高温度和电离度，从而保证变极性等离子弧穿孔立焊铝合金的过零稳弧[3]；提出电极和喷嘴之间的电击穿后出现双弧的根本原因是维弧电源通路提供了主电弧的旁路通道，并采用维弧通路物理截止方法从根本上避免了变极性等离子弧穿孔立焊过程中的双弧问题[4]。

（2）采用软开关功率变换技术和嵌入式软件控制技术，解决了以往双逆变器并联提高电源容量的并联均流及由此造成的复杂控制问题，实现了任意的波形输出。通过电源工作状态判定进行最大占空比的自适应控制，保证了最高功率输出时电源工作在软开关状态[5]。

（3）提出了一种新型的双变压器自均流型逆变主电路拓扑结构（具有自均流能力而无须附加的均流控制电路），提高了电源容量并保证了可靠性；采用三相功率因数校正技术和传导骚扰抑制技术提高了电源的电磁兼容性[6]。

上述解决方案保证了载人航天器中超长复杂焊缝对焊接电源提出的长时间连续稳定工作的要求。

我们在电源技术上刚有所突破，国外相关焊接设备的报价马上就从3000万元降到了1200万元。但是解决了电源难题，科研人员并没有感到轻松。为天宫一号目标飞行器"穿衣"，并不是把铝合金材料放在地上或平铺在焊台上，而是采用变极性等离子弧穿孔立焊装备垂直向上焊接。采用这种方式，焊缝气孔率极低、密封性好、精度高，是太空大型薄壁密封舱体的首选焊接方式。对于长时间复杂工况的焊接过程，从实验室到工业生产是一个巨大的挑战，必须建立宽泛的稳定工艺区间，才能满足实际生产的需要。在变极性等离子弧穿孔立焊过程中，熔池的传热、传力和传质是一个相互耦合的过程，在焊接过程中，等离子射流以极高的速度穿透熔池，同时对熔池进行力和热的传输，因此需要保证正负极性的焊接电弧对熔池的热力输入尽可能保持一致。同时，熔池内部的微流体始终在极高的温度梯度、熔池流动矢量梯度、表面张力梯度、成分梯度以及应力梯度条件下运动，填充材料同时对熔池进行传质和能量分流，因此合理的传质位置和传质量同样至关重要。为此，团队继续攻关：① 发现了等离子弧的等离子射流和电流的可分离特性，提出等离子弧的电弧刚性概念[7]，原创性提出了"空心沙漏"穿孔熔池控制模型[8]，保证等离子弧穿孔熔池始终处于稳定工作区间；② 在变极性等离子弧穿孔立焊电弧力学性能和能量分布测试的基础上[9-10]，通过电流波形与离子气协调控制熔池热力状态，以多元力学反馈送丝控制焊丝填充以保证传质稳定，通过合理匹配热质力参数使变极性等离子弧穿孔立焊工艺窗口扩大三倍以上[11-12]。

通过以上的技术公关和对穿孔弧焊的深刻理解，我们最终自主研发的变极性等离子弧穿孔立焊技术，通过电流波形调制使熔池保持准稳态的同时背部小孔直径的波动不超过 1 mm，穿孔立焊的准稳定状态在长达 3 h 的焊接中得以良好保持，并实现了 3 mm 以下薄板的焊接，非常适合航天产品的焊接应用。

系统稳定和过程控制：从实验室走向现场应用

虽然掌握了变极性等离子弧穿孔立焊技术，但是要实现完美的焊接，还必须有送丝机、立式纵缝机床等外部装备的配合。如果把变极性等离子弧穿孔立焊电源比作一个人的大脑，那么外部装备就是这个人的胳膊和腿。在成都焊研科技发展有限公司的大力支持下，2005 年 10 月，制造变极性等离子弧穿孔立焊装备的 ZFL-1000 专用机床到位。又一个问题出现在眼前：为保证焊缝质量的一致性，要求焊接过程中等离子弧的长度保持不变，但是在实际生产中，特别是对于像天宫一号目标飞行器这样的超大型结构，仅仅依靠机械装备的精度来保证弧长精度是不现实的。山不转水转，通过实施调节焊枪的高度来保证等离子弧长度的一致成为唯一的选择。为此，研究团队开展了以下工作。

（1）特别为变极性等离子弧穿孔立焊装备开发了激光弧高控制系统：采用高精度的激光测距传感器实时测量焊矩距离焊接表面的距离，通过闭环反馈控制保证焊矩与工件维持固定的高度，也就使焊矩随焊接表面变化而升降，进而自动跟踪和稳定焊接电弧的高度[13]。

（2）在过程控制上，设计了多参数协调的焊接起弧和收弧程序，将焊接时序控制、工艺参数控制、路径控制和焊枪姿态、焊接过程实时调整、安全控制、焊接过程监测等进行集成创新，提出并实现了铝合金大型薄壁壳体焊接成套技术解决方案，通过多参数协同解决了焊接起弧和收弧过程中非稳态控制的难题[14-15]。

（3）设计开发了变极性等离子弧专用焊接机头，通过操作者观察视频监控和焊接工艺参数监控，人工调整焊接机头（即系统的人在回路控制），利用机器回路和人在回路结合，实现了宏、微融合，满足了变极性等离子弧穿孔立焊工艺的高定位精度的工程需求，保证了封闭曲线焊缝的全过程稳定穿孔焊接[16]。

难题一个个摆上桌面，又被科研人员一个个“拿下”，最终国产高精度变极性等离子弧穿孔立焊整机研制成功。国产整机一问世，国外相关产品报价马上降到 600 万元。同时，北京卫星制造厂的试验任务也到了。北京卫星制造厂的领导亲自带队，带着大量的焊接试板，专门来到我们实验室进行焊接稳定性试验，连续焊接 10 对试板，焊接过程非常稳定。试验后对焊缝进行质量检验，焊缝质量获得了专家的认可。随后，北京卫星制造厂的专家来到北京工业大学的试验现场调研，认为变极性等离子弧穿孔立焊技术优良，可以用于天宫一号目标飞行器的焊接。2007 年，北京工业大学和北京卫星制造厂联合开发了环缝变极性等离子弧穿孔立焊工艺装备（见图 1），率先采用变极性等离子弧穿孔立焊技术完成了直径 3 320 mm 的天宫一号目标飞行器的初样焊接，焊接质量获得专家的肯定；2008 年，双方联合成功开发了超大型密封舱体变极性等离子弧穿孔立焊装备，成功完成国内最大直径 4500 mm 的铝合金舱体结构的焊接；2009 年年底，经过双方联合攻关，国产环缝变极性等离子弧穿孔立焊接收弧填孔问题得到完美解决，天宫一号目标飞行器正样一次焊接成功。对天宫一号目标飞行器焊缝进行氦质谱检漏，漏率小于 10^{-8}，焊缝漏率完全满足航天工程 I 级焊缝标准，达到国际先进水平，可以确保天宫一号目标飞行器在轨安全运行 8 年，远远超出了天宫一号目标飞行器的设计寿命。通过有关部门的检测，自主研发的国产焊接装备最终替代了进口产品，成为为天宫一号目标飞行器“穿衣”的“裁缝”。

图 1　环缝变极性等离子弧穿孔立焊工艺装备焊接天宫一号目标飞行器现场

从焊接专机到机器人焊接：从型号任务走向市场

由于对天宫一号目标飞行器的特殊贡献，2011 年 10 月，陈树君教授和北京工业大学焊接技术研究团队带头人——时任北京工业大学副校长的卢振洋教授作为特殊客人被邀请到酒泉卫星发射基地，现场观看神舟八号飞船和天宫一号目标飞行器的对接。“当时心情很激动，虽然有点紧张，但是对天宫一号目标飞行器很有信心。”陈树君教授回忆道，“记得天宫一号目标飞行器正样产品焊接完成后，北京卫星制造厂的领导问我焊缝有没有疏漏的地方？我仔细想了想，确实没有。”任务完成之后，载人航天总体部会同北京卫星制造厂向北京工业大学赠送锦旗感谢北京工业大学在载人航天工程中做出的贡献，如图 2 所示。

图 2　载人航天总体部会同北京卫星制造厂向北京工业大学赠送锦旗

经过多年的技术沉淀和推广应用，变极性等离子弧穿孔立焊技术已经突破了 3 mm 以下铝板不能采用变极性等离子弧穿孔立焊的禁区，在运载火箭助推段和神舟飞船的蒙皮结构上都实现了小于 3 mm 的铝合金拼板焊接，成功完成了天宫一号目标飞行器主结构的焊接制造，为我国空间交会对接试验的顺利实施做出了贡献。目前，该装备成功应用在航天制造龙头企业北京首都机械公司、北京卫星制造厂和湖北国营红阳机械厂，保证了我国天宫一号目标飞行器、新型运载火箭等国家重大工程项目的顺利实施，也打破了我国高端制造装备依赖国外进口产品而受制于人的局面。项目解密之后，具有完全自主知识产权的变极性等离子弧穿孔立焊装备在国际展会上的首次展示就吸引了众多海内外观众驻足，如图 3 所示。此外，该技术平台已应用在哈尔滨工业大学、哈尔滨焊接研究所、成都电焊机研究所及内蒙古工业大学等多家高校和科研单位，使我国的高校和科研单位摆脱了依靠进口设备平台进行科学研究的局面，相信通过多家科研单位共同努力，必将在变极性等离子弧焊接的研究领域取得更大的突破。

图 3　具有自主知识产权的变极性等离子弧穿孔立焊装备在国际展会上亮相

变极性等离子弧穿孔立焊装备在载人航天器制造上的成功应用，不但打破了国外在变极性等离子弧穿孔立焊技术方面对我国的封锁，而且也打破了国外公司对变极性等离子弧穿孔立焊装备市场的垄断局面，极大平抑了变极性等离子弧穿孔立焊装备的价格，使我国成为继欧美等国之后在大型载人密封结构中应用这一技术的国家，也大大增强了我国航天装备制造企业的信心，增强了我国的科技实力和国际威望，为我国载人航天后续任务载人密封结构的研制提供了重要的技术保障，如图 4 所示。随着航天器尺寸的不断增加，传统的卧装立焊已经难以满足需求，无缺陷横焊工艺又成为技术瓶颈。目前，我们已突破穿孔横焊工艺[17-18]，开发完成了机器人变极性等离子弧穿孔焊接系统，如图 5 所示，这就为我国下一步大型航天器从卧装立焊向立装横焊做好了技术储备，有望用变极性等离子弧焊接对我国航天产业的制造装备进行一次全面升级。

图 4　变极性等离子弧穿孔立焊成套装备完成我国空间站舱体结构焊接

图 5　机器人变极性等离子弧穿孔焊接系统

结语

目前，我国自主研发的变极性等离子弧穿孔立焊装备在航天器壳体结构的环缝和纵缝焊接中已经获得了良好的应用。变极性等离子弧穿孔立焊的工艺特点需要多参数相互协调，控制过程相对复杂，控制系统机器回路和人在回路相互融合，要求操作者实时观察焊接穿孔熔池状态，并对穿孔焊接工艺有较深入的理解[19]。为了更好地提升焊接质量，需要采用高动态范围（140 dB 以上）的焊接图像采集和图像处理技术，将焊缝质量和焊接过程信息进行大数据分析与综合，将人工智能技术引入到穿孔焊接过程中，逐渐降低人在回路对焊接过程的控制分量，推动变极性等离子弧焊接技术向更高层次进一步发展，挖掘其最大的潜力和应用价值。

在大型航天器结构中，存在大量复杂形式的焊缝，如球形、圆台壳体与圆形、异形法兰形成的相贯线等，为实现立向上的焊接操作，需要采用高动态性能的大型变位机翻转或旋转工件，才有可能实现复杂空间曲线焊缝的立向上穿孔焊接。传统的机器人焊接系统都是以工件优先策略来调整运动轨迹的，也就是尽可能地让焊枪适应工件。而机器人变极性等离子弧穿孔焊接系统，必须以焊枪优先策略来调整运动轨迹，也就是必须用高动态性能的变位机调整工件来适应焊枪的立向上运动。

因此，变极性等离子弧穿孔立焊接技术的下一步努力方向是：开发空间曲线焊缝机器人变极性等离子弧穿孔焊接系统，实现焊接过程自动化与信息化的融合，解决大型薄壁壳体结构的空间曲线焊缝焊接的关键技术，实现航天壳体结构变极性等离子弧穿孔焊接应用全覆盖，这对航天飞行器密封舱体的制造意义重大。我国的航天之路，总是面对发达国家在高技术领域的长期封锁，中国航天的每一次飞跃，背后都是百折不挠、敢于胜利、自力更生的精神在支撑。为实现中华民族伟大复兴的中国梦，我们一定在路上，且一直在路上！

参考文献

[1] WILLIAMSON M. Manufacturing for space[J]. Engineering & Technology, 2011, 6(3): 44-47.

[2] NUNES A C, BAYLESS E O. Variable polarity plasma arc welding on space shuttle external tank [J]. Welding Journal, 1984, 63(4): 27-35.

[3] 吕耀辉, 陈树君, 韩永全, 等. 铝合金变极性等离子弧焊接工艺中的双弧现象[J]. 焊接, 2003(6): 24-26.

[4] 吕耀辉, 陈树君, 殷树言,等. 维弧对铝合金变极性穿孔型等离子弧行为的影响[J].机械工程学报, 2003, 39(11): 141-143.

[5] 吕耀辉, 陈树君, 殷树言. 铝合金变极性等离子弧焊接电源的研制[J]. 航天制造技术, 2003(1): 6-8.

[6] 陈树君, 潘冰心, 闫霍彤. 基于现场总线技术的 VPPA 焊接电源网络控制[J]. 电焊机, 2011, 41(4): 6-9.

[7] CHEN S J, JIANG F, LU Y S. Separation of arc plasma and current in electrical arc - an initial study[J]. Welding Journal, 2014, 93(7): 253-261.

[8] 陈树君, 徐斌, 蒋凡. 变极性等离子弧焊电弧物理特性的数值模拟[J]. 金属学报, 2017, 53(5): 631-640.

[9] JIANG F, LI Y F, CHEN S J, et al. Analysis on automatic discrimination of high temperature based on fowler-milne method[J]. Spectroscopy and Spectral Analysis, 2019, 39(2): 370-376.

[10] JIANG F, LI Y F, CHEN S J. Tomographic measurement of temperature in non-axisymmetric arc plasma by single camera multi-view imaging system[J]. Optics Express, 2018, 26(17): 21745-21761.

[11] YAN Z Y, CHEN S J, JIANG F, et al. Material flow in variable polarity plasma arc keyhole welding of aluminum alloy[J]. Journal of Manufacturing Processes, 2018(36): 480-486.

[12] CHEN S J, ZHANG R Y, JIANG F, et al. A primary study on testing the electrical property of arc column in plasma arc welding[J]. Journal of Manufacturing Processes, 2017(27): 276-283.

[13] 韩永全, 杜茂华, 陈树君, 等. 铝合金变极性等离子弧穿孔焊过程控制[J]. 焊接学报, 2010, 31(11): 93-96.

[14] 蒋凡, 陈树君, 王龙, 等. 焊枪行走角变化对等离子弧穿孔立焊焊缝成形的影响规律[J]. 焊接学报, 2013, 34(2): 22-26.

[15] 陈树君, 蒋凡, 张俊林, 等. 铝合金变极性等离子弧穿孔横焊焊缝成形规律分析[J]. 焊接学报, 2013, 34(4): 1-6.

[16] 卢振洋, 蒋凡, 王龙, 等. 复杂航天筒体结构件的焊接应力应变演变规律[J]. 机械工程学报, 2012, 48(24): 44-49.

[17] YAN Z Y, CHEN S J, JIANG F, et al. Control of gravity effects on weld porosity distribution during variable polarity plasma arc welding of aluminum alloys[J]. Journal of Materials Processing Technology, 2020(282). DOI: 10.1016/j.jmatprotec.2020.116693.

[18] XU B, CHEN S J, JIANG F, et al. The influence mechanism of variable polarity plasma arc pressure on flat keyhole welding stability[J]. Journal of Manufacturing Processes, 2019(37): 519-528.

[19] JIANG F, LI C, XU B, et al. Study on the decoupled transfer of heat and mass in wire variable polarity plasma arc welding[J]. Materials, 2020, 13(5). DOI: 10.3390/ma13051073.

蒋凡，北京工业大学材料与制造学部教授、博士生导师。入选北京市青年人才培养工程，中国机械工程学会焊接分会创新平台计划。长期从事等离子弧焊接制造机理与过程控制研究，研究成果在航天装备制造领域获得良好应用。

陈树君，北京工业大学材料与制造学部教授，“长江学者奖励计划”特聘教授，获国务院政府特殊津贴，国家百千万人才工程人选者，北京市高层次创新创业人才计划领军人才，首都科技领军人才，国家自然科学基金、重点研发计划等重大工程项目函评会评专家。科研特色在于将基础理论研究和工程实际有机融合，以全套自主知识产权的变极性等离子弧穿孔立焊装备成功用于天宫一号目标飞行器的焊接，获得国家科技进步奖二等奖（第一完成人）。在国内焊接领域率先开展了电焊机电磁兼容性技术研究，促使国内电焊机电磁兼容技术水平与国际接轨，作为第一起草人组织制定了我国的电焊机电磁兼容性要求国家强制标准。

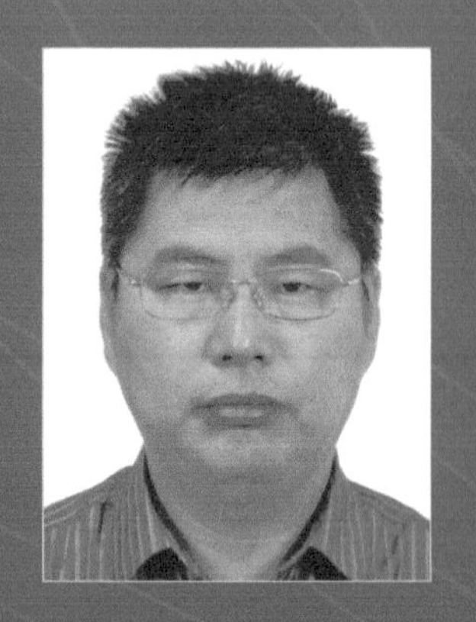

仿生感知微系统

北京航空航天大学机械工程及自动化学院

蒋永刚

微机电系统（microelectromechanical system，MEMS）随着物联网、人工智能、5G 等新兴技术的发展迎来了第三次产业浪潮。如何利用 MEMS 技术在传感器的设计与制造中不断创新以满足和拓展其产业需求，是需要思考的问题。在生物界，生存竞争的压力让许多动植物进化出具有特异感知功能的器官。揭示这些感知器官内在的高灵敏原理，不仅是生物学家乐于探究的问题，而且也为工程师设计传感器带来新的灵感。下面从 MEMS 技术与仿生感知结合的角度介绍仿生感知微系统的概念内涵、基本原理及主要应用，并尝试探讨该方向发展的主要关键技术。

微机电系统制造

电子产品或系统的小型化或微型化是制造领域永恒的追求，从 13 世纪起，制表工匠就开始探索将钟表零件微型化的制作工艺。20 世纪 50 年代，集成电路的发明揭开了半导体技术腾飞的序幕，“单位面积集成电路上可以容纳的晶体管数目每经过 18 个月到 24 个月便会增加一倍”的摩尔定律预言了集成电路半个世纪的指数增长模式。随后，MEMS 技术也随着硅传感器的发明登上制造技术史的舞台，发展出深硅刻蚀、阳极键合等多种制造技术，形成了 MEMS 器件的微纳集成制造基本流程。

MEMS 是由微驱动器、微传感器、微执行器、微处理器、微电源等要素组成的一体化微型器件或系统，用以实现感知、驱动、执行、信息处理等功能。20 世纪 90 年代，汽车安全领域的 MEMS 产品掀起了第一次 MEMS 技术浪潮；2000 年前后消费电子产品引领了 MEMS 传感器的第二次高速发展；目前，MEMS 传感器已可以像人类的各种感觉系统一样，实现视觉、听觉、平衡觉、压力、触觉、味觉等的各类感知（见图 1），并随着物联网、人工智能、5G 等时代的到来掀起第三次发展浪潮[1]。

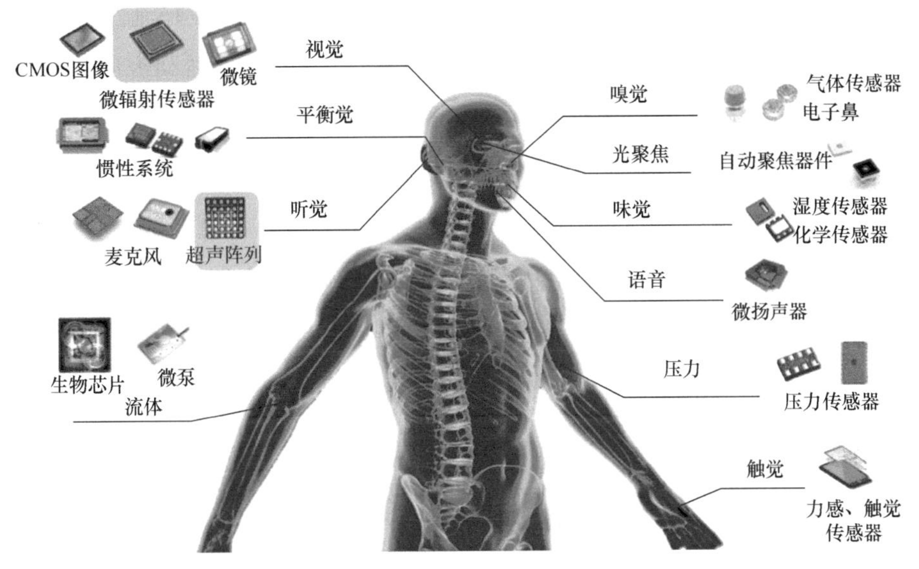

图 1　种类多样的 MEMS 传感器

MEMS 的制造主要基于光刻、刻蚀、改性、成膜、键合等现有微纳制造工艺。面向系统的多传感器集成化、柔性化、大面积化等需求，新材料集成、晶圆级封装、柔性电子制造新工艺方面也在不断取得突破。在传感器设计上，虽然主要传感原理趋于成熟，但灵敏度、抗噪声能力和智能化感知等方面仍难以达到与自然生物感知媲美的水平。

生物的神奇感知器官

生物面对自然环境、族群和个体间的复杂生存竞争，会进化出令人叹为观止的防护材料、运动系统和感觉器官 [2]。生物感觉器官将外部的物理和化学信息转化为神经信号，实现了对外部环境和自身状态的实时感知。例如，蝙蝠能在黑暗中自由活动，捕捉蚊子等昆虫，源于它们能够发出超声波，而且耳内具有超声波定位的结构，从而具备高超的分辨声音的本领。

鱼类的侧线流场感知器官具有惊人的低频流场感知能力，在趋流性、群游、避障等行为中起到关键作用。北京航空航天大学仿生微系统研究团队在深入研究了多种金线鲃洞穴鱼类的侧线感知系统（见图 2）后发现：与普通大眼金线鲃相比，田林金线鲃的管道侧线在管道神经丘附近具有变径结构特征，这种变径结构有助于帮助田林金线鲃的侧线具备更高的灵敏度[3]。生物的这些奇异特性引起了生物学家和传感器开发工程师的广泛兴趣，不断吸引他们去研究并揭示生物感觉器官的特殊感知原理。

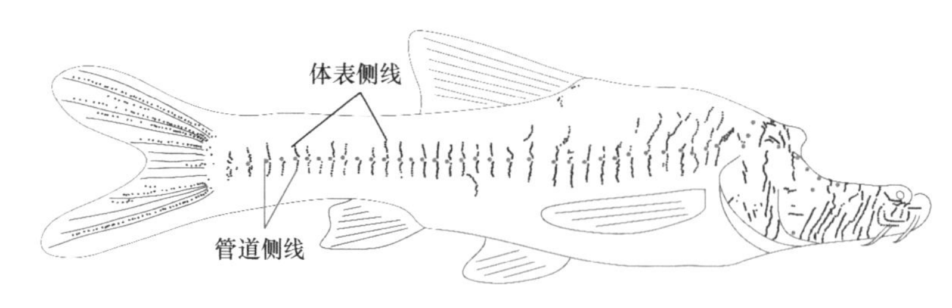

图 2　金线鲃洞穴鱼类的侧线感知系统分布

德国波恩大学动物学研究所的科学家发现非洲象鼻鱼（见图 3）的尾部长着专门的发电器官，能将很小的电脉冲释放到周围的水中，当附近的物体对这些区域的电场造成轻微的干扰时，这种鱼可以通过其皮肤上的电感受器探测到周围电场的变化，从而感知周围环境变化。模仿这种电场感知机理可实现机器人交互或水下航行器的避障。

图 3　非洲象鼻鱼

蜘蛛的体表存在缝状机械感受器，基于裂缝应力集中原理可以感知表皮变形、外界压力与机械振动。多个缝组合形成的琴形感受器与单个缝相比，可以实现应变放大作用，从而感知到更广范围的载荷。蜘蛛的腿毛和蟋蟀的尾毛都是高灵敏的流速感受器，可以感知低速气流扰动，探测的最小扰动能量甚至小于一个光子的能量[4]。蜘蛛的仿生研究不断取得突破，美国宾汉姆顿大学的研究者最近发现蜘蛛织出的网可以相当于一个声学天线（见图 4），从而可以增强蜘蛛的听觉感知和定位能力[5]。

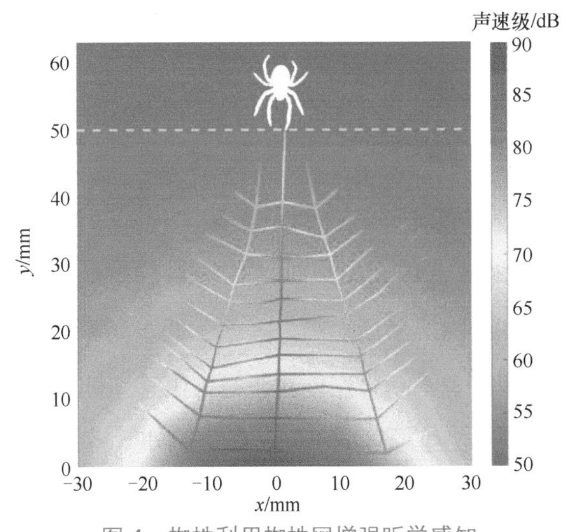

图 4　蜘蛛利用蜘蛛网增强听觉感知

人类的听觉系统一直以来就是生物医学工作者的重要研究对象。耳郭具有集声作用，鼓膜和听小骨的振动把声音放大并传入内耳，内耳毛细胞纤毛束的自发谐振和耦合同步可实现高灵敏的声音感知。奥米亚棕蝇的两耳间距仅数百微米，却有极其灵敏的方向性声音感知能力。雌蝇能根据数米外蟋蟀的叫声精确地判断出蟋蟀的位置，这与其耳朵由两个鼓状薄膜通过胸骨柄耦合连接的结构有关。这些都为人们开发纳米助听器提供了重要的启发。

红外传感器在汽车、航空、医疗等多个领域具有广泛的应用，多种生物的奇特红外感知能力值得我们学习。除了大家熟知的响尾蛇具有高灵敏热感知器官外，德国科学家发现森林火虫（一种吉丁虫）可以在距离 50 km 以外的地方发现森林中失火的位置，并飞过去把卵产在烧焦的木头上。吉丁虫的红外线探测能力源于其胸部上的一些小坑，每个小坑内都有 70

余个半球状红外感受器[4]，半球状红外感受器液体受热后膨胀，提升了热感知能力，这为高性能红外传感阵列设计提供了新思路。

综上所述，生物感知器官呈现高灵敏、高冗余、阵列化、低能耗、非线性等特征，揭示生物的感知新机理并进行理论建模分析，不但对于拓宽人类对生物感知机理的认识具有重要的科学意义，而且对高性能传感器的设计也具有重要的借鉴价值。

什么是仿生感知微系统

仿生感知微系统是仿生学与微机电系统工程的前沿交叉研究成果，是指模仿生物感知机理或直接利用生物感知材料制作的微传感器件与系统。为实现类似生物感知的高灵敏度、高分辨率、低能耗等功能，仿生学和微机电系统工程领域的研究者不断合作创新，为仿生感知微系统带来了创新的设计和性能的突破。按照仿生原理的不同，仿生感知微系统可分为以下三类。

1. 结构仿生感知微系统

它通过直接模仿生物感受器的特征结构，利用微系统技术获得与生物相似的物理和化学感知功能。例如，通过模仿蟋蟀尾毛的阵列式流速传感结构，荷兰屯特大学设计了电容式流速传感阵列，利用高深宽比光刻的微柱模仿蟋蟀尾毛，用电容感知原理来测量气流吹动微柱的偏转。北京航空航天大学仿生微系统研究团队模仿金线鲃盲鱼的管道侧线变径感知增强原理，设计了基于变径微流道和压电树脂敏感单元的高灵敏的水下柔性压力传感阵列（见图 5），实现了毫帕级的水压感知能力，接近了生物的探测极限[3,6]。此外，模仿手指的指纹结构设计的触滑觉传感器、模仿沙漠蝎子琴形器实现的微裂纹结构应变传感器，都是结构仿生感知系统的典型案例。

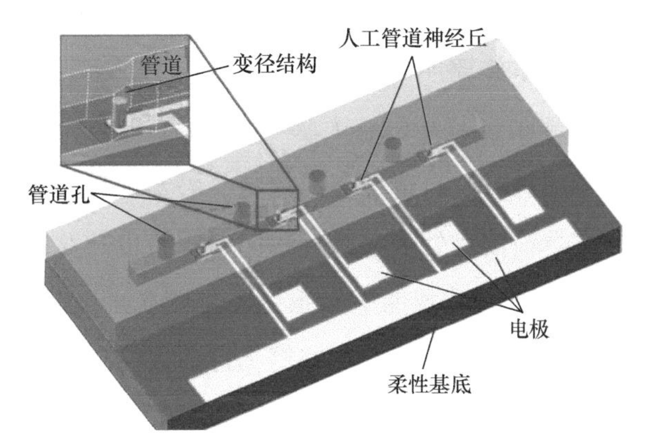

图 5　水下柔性压力传感阵列

2. 功能仿生感知微系统

它不拘泥于模仿生物感受器的特征结构，而是利用人造传感器件模仿生物功能。例如，模仿象鼻鱼的电场感知并不需要模仿其电场感知的器官结构，而是模仿其脉冲式电场的发射方式，通过分别测量幅值和相位实现对障碍物的感知。美国微芯公司甚至开发出专用的电场感知芯片，用于实现基于电场的接近传感器（见图 6），最远感知距离可达 15 cm 以上。2018 年，美国斯坦福大学鲍哲南教授团队开发出人工触感神经[7-8]，用压阻单元模仿受力感知，环形振荡器模拟产生的神经脉冲，离子感知场效应管模拟神经突触的功能。此外，电子眼、电子鼻、电子舌等都属于功能仿生感知微系统。

3. 智能仿生感知微系统

它是在模仿生物感知结构和功能的基础上，进一步模仿生物对信息的低能耗处理、感控融合等能力，将生物感知过程智能化、系统化。例如，类脑计算借鉴大脑进行信息处理的基本规律，在硬件实现与软件算法等多个层面对现有的计算体系与系统做出本质改变，极大地提高了对感知信息的处理能力。清华大学施路明团队研制出类脑计算芯片“天机芯”[9]，并将其作为一辆无人驾驶自行车的“大脑”，进行了包括视觉目标探测、目标追踪、自动越障和避障、自适应姿态控制、语音理解控制、自主决策等功能在内的跨模态类脑信息处理实验。我们课题组也开发出具有气流感知功能的仿鸟类新型飞行参数智能感知系统（见图 7）[10]，利用纤毛式气流传感阵列，实现对飞行器的攻角、空速等飞行参数的高精度解调。

图 6　基于电场的接近传感器

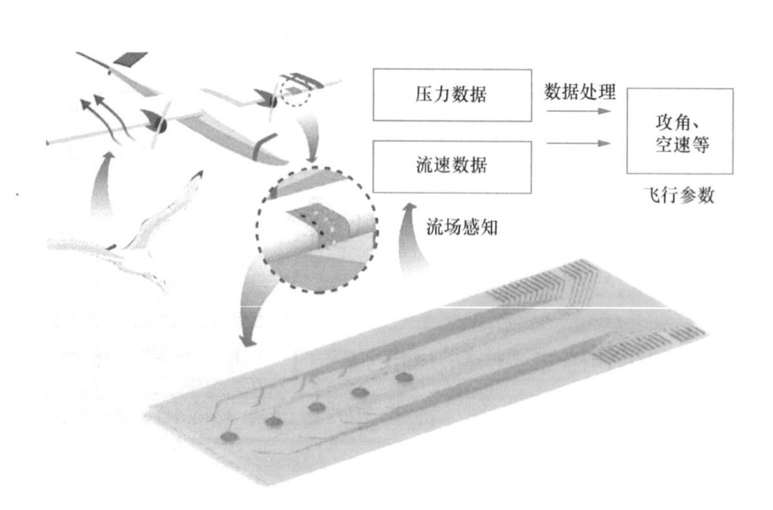

图 7　仿鸟类新型飞行参数智能感知系统

仿生感知微系统的关键技术

在实现类似生物感知的高灵敏度、高分辨率、低能耗等功能方面，仿生学与微机电系统工程的交叉融合，已经带来一些智能感知的设计创新和性能突破。然而，现阶段仍面临生物感知的增敏新机制有待进一步揭示，智能感知系统的低能耗仿生方法有待突破，仿生感知结构的三维集成制造手段有限等问题，需要在多参量感知增强机理和三维微系统制造方法等方面取得关键技术突破。

1. 多参量感知增强机理

生物感知器官的高灵敏机理受材料、结构、离子运动、阻抗匹配、振动同步等多方面因素的影响。探索新的生物特异感知结构与功能机理对仿生感知微系统技术的发展具有重要意义。

2. 三维微系统制造方法

生物感知的附属结构呈现多材料组成、复杂三维结构的特点。融合半导体技术、非硅 MEMS 技术、柔性电子技术、微纳 3D 打印以及其他微纳特种制造手段，实现系统化、体系化的三维微系统制造是实现高性能仿生感知系统的关键。

结语

仿生感知微系统基于其高灵敏感知机理和分布式智能融合等特点，可以实现触觉感知、流场感知、仿生视觉、仿生听觉、生化分析等一系列功能。可以预见，通过模仿生物感知能力，未来将出现更多创新的传感器应用。探索生物感知的新机理，实现结构、功能乃至智能化的仿生感知是本研究领域的主要目标。伴随着系统智能化的需求，将仿生感知与人工智能更有效结合，通过嵌入智能体或柔性混合电子的手段，有望形成仿生分布式智能系统，并应用于智能蒙皮、机器人交互、医疗健康等领域。

参考文献

[1] Yole Department Report. What does the future hold for MEMS? an overview of the market & technology trends[R].2019.

[2] BARTH F G, HUMPHREY J A C, SRINIVASAN M V. Frontiers in sensing: from biology to engineering[M]. Vienna: Springer, 2012.

[3] JIANG Y G, MA Z Q, ZHANG D Y. Flow field perception based on the fish lateral line system[J]. Bioinspiration & Biomimetics, 2019, 14(4). DOI: 10.1088/1748-3190/ab1a8d.

[4] FRATZL P, BARTH F G. Biomaterial systems for mechanosensing and actuation[J]. Nature, 2009(426): 442-448.

[5] ZHOU J, LAI J P, MENDA G, et al. Outsourced hearing in an orb-weaving spider that uses its web as an auditory sensor[J]. PNAS, 2022, 119(14). DOI: 10.1073/pnas.212278911.

[6] JIANG Y G, ZHAO P, MA Z Q, et al. Enhanced flow sensing with interfacial microstructures[J]. Biosurface and Biotribology, 2020, 6(1): 12-19.

[7] KIM Y, CHORTOS A, XU W, et al. A bioinspired flexible organic artificial afferent nerve[J]. Science, 2018(360): 998-1003.

[8] CHUNG H U, KIM B H, LEE J Y, et al. Binodal, wireless epidermal electronic systems with in-sensor analytics for neonatal intensive care [J]. Science, 2019(363): 947.

[9] PEI J, DENG L, SONG S, et al. Towards artificial general intelligence with hybrid Tianjic chip architecture[J]. Nature,

2019(572): 106-111.

[10] NA X, GONG Z, DONG Z H, et al. Flexible skin for flight parameter estimation based on pressure and velocity data fusion[J]. Advanced Intelligent Systems, 2022, 4(6). DOI: 10.1002/aisy.202100276.

蒋永刚，北京航空航天大学机械工程及自动化学院教授、博士生导师。主要从事仿生感知和微机电系统技术研究。面向智能蒙皮与机器人交互需求，研制出极端耐高温压力传感器和高性能仿生流场传感系统。主持国家和省部级项目 10 余项，发表 SCI 论文 60 余篇，授权国内外发明专利 20 余项。获中国机械工业科学技术奖二等奖，国家优秀青年科学基金获得者、北京市科技新星、北京航空航天大学“卓越百人计划”等荣誉。

神奇的“1+1 > 2”
——复合材料成型制造技术

北京航空航天大学机械工程及自动化学院

张武翔　尚俊凡

复合材料是将两种或两种以上不同的物质复合而成的材料，复合后的材料可以实现“1+1 > 2”的效果。这种效果主要体现在两个层面：其一，各种材料在性能上取长补短，通过协同效应达到“1+1 > 2”的效果，使复合材料自身的综合性能优于任一组分材料，从而满足不同的工程需求，扩大材料的应用范围；其二，增材制造（3D 打印）这一新兴技术逐渐应用于复合材料制造领域中，进而从材料和制造技术方面实现了“1+1 > 2”的效果，进一步推动了高度动态和快速变化的复合材料制造业的发展。那么，到底哪些材料是复合材料？如何制造复合材料零部件？未来的复合材料制造将如何发展？请大家跟着我的步伐，推开复合材料制造这一多彩世界的大门，一起走进并探索复合材料制造“1+1 > 2”的神奇之处。

走进历史悠久的复合材料

我们现在生活的世界由各种各样的天然物质组成，如图 1 所示，这些物质可分为纯净物与混合物。其中，混合物是由两种或多种物质组合而成，就好比路边随处可见的石头；而纯净物则是由单一单质或化合物构成，如代表纯洁爱情的钻石就是常见的纯净物。正是这两类物质造就了丰富多彩的大千世界。

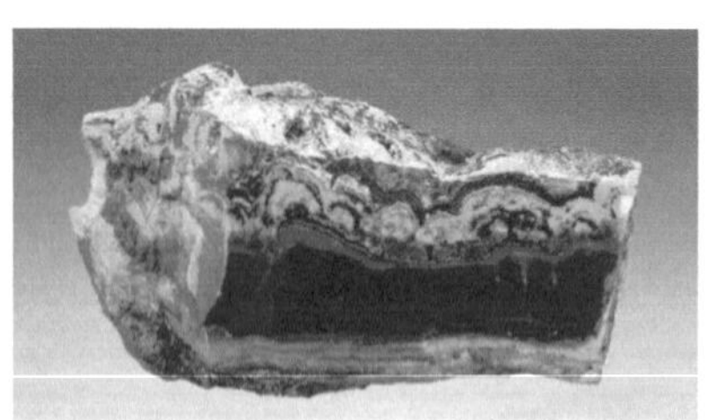
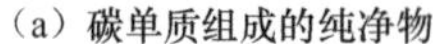

（a）碳单质组成的纯净物　（b）孔雀石和蓝铜矿混合物

图 1　自然界中的天然物质实例

智慧的人类祖先早已发现了这多彩世界中各种物质和材料的价值，并合理地加以利用来构筑自己的家园。在旧石器时代，从石质的兵器、木头搭建的建筑、土构筑的墙体到铜铁炼制的器具，人们逐渐发现单一物质并不能满足人类社会多样的需求。在探索实践过程中，人类无意中发现多种物质掺杂复合而成的新物质具有意想不到的实用价值，并由此加以广泛推广和应用。

在现今西安半坡遗址中，考古人员发现了用草掺合泥巴制成的墙壁与坯砖，可追溯至距今约 7000 多年的新石器时代前期。如图 2 所示，这种由两种物质混合而成的材料被证实是迄今为止发现的最古老的“复合材料”。其中，泥巴是复合材料中的基体，草则是增强体。正是由于这两种材料分别充当基体和增强体这两个角色，才有了结实耐用的复合材料，复合材料就此站在了人类的历史舞台上，并成为社会发展不可或缺的一颗明星。为什么复合材料如此重要和受到人们的青睐？主要是因为复合材料中的各组分在性能上互相取长补短，产生了“1+1 ＞ 2”的效果，使复合材料的综合性能优于原组成材料。

（a）掺草土墙整体

（b）局部细节

图 2　掺草土墙

古代的复合材料一般由天然材料组合而成，常用天然纤维、矿物作为增强体，黏土、天然汁液作为基体。公元前 3400 年左右，美索不达米亚人曾用胶把不同角度的木条黏结在一起，从而制造出了胶合板。这样做的主要原因是当时中东地区缺少可产出高质量木材的细木，而薄薄的优质木材可粘在低质量木材做成的基板上，在达到美观效果的同时还可以让材料整体更加坚固，这种制造胶合板的例子在历史上不胜枚举。

在我国秦朝时期，工匠们用糯米浆与石灰制成砂浆来黏合长城的基石，使万里长城成为中华民族伟大文明的象征之一；秦砖汉瓦［见图3(a)］有一部分也是复合材料，在制作过程中，工人在黏土中添加了一些天然纤维，从而使砖瓦更加强韧耐用；战国时期的兵器戟［见图3(b)］的杆芯由3～4 m长的木棒制成，木棒外面纵向包着丝竹，用丝线缠绕，再涂上生漆，干燥后成为坚固的整体，这种兵器长而轻质坚韧，是当时的先进武器；到了汉代，贵族使用的木制器具与棺椁［见图3(c)］会先用麻布缠在木板外面再涂上生漆制作，既美观又耐用；古时候，士兵使用竹子、丝绸、牛腱和牛角以及松树树脂来制作弓［见图3(d)］，这种弓比常规弓更快速、更有力，弓的压缩侧（内侧）的一角采用片状的动物角覆盖在竹芯上，同时用丝绸将弓箭的整体结构紧密包裹，并用松脂将其密封。一家博物馆测试了部分馆藏900余年的弓，发现其强度几乎与现代弓相当，可以击中远至448 m(近5个标准足球场的长度)的目标。

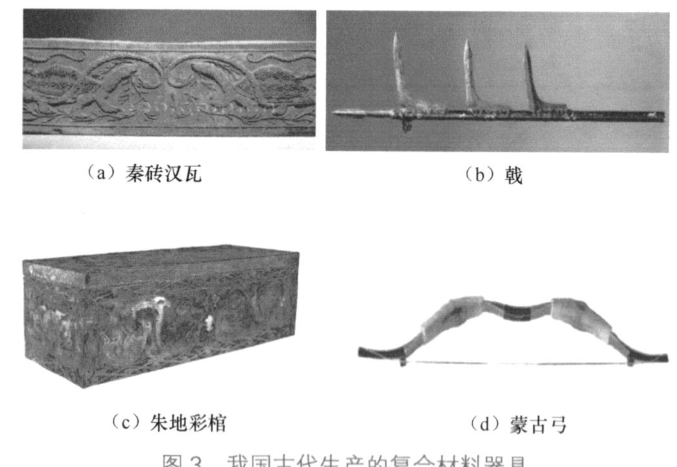

(a) 秦砖汉瓦　(b) 戟　(c) 朱地彩棺　(d) 蒙古弓

图3　我国古代生产的复合材料器具

近现代复合材料的发展始于20世纪初期。此时，天然材料已无法满足工业进步的需要，人们不得不寻找新的替代品。美国化学家贝克兰在1907年成功制备了最早的合成树脂之一——酚醛树脂。它本身非常易碎，但是贝克兰发现可以通过将其与木粉结合来增强它的性能，由此开创了复合材料使用的新纪元。在20世纪30年代后期，美国欧文斯 - 伊利诺伊州玻璃公司开发了一种将玻璃拉伸制成细条或纤维的工艺，将它们编织成织物并与树脂相结合，从而生产出坚固而轻巧的复合材料，这就是玻璃纤维增强塑料（glass fiber reinforced plastics, GFRP），也就是我们俗称的“玻璃钢”。1942年，美国工程师格林用手糊工艺制成了一艘玻璃钢橡皮艇，成为早期的纤维增强复合材料制品。在第二次世界大战期间，减小航空器和水上飞机的质量，同时对其强度、耐久性以及对海水的耐腐蚀性的较高要求，助推了新兴复合材料在军工领域的应用。当时美国军机的机载雷达就采用了由玻璃纤维增强塑料做成的头锥。

在复合材料不断发展的进程中，其内涵也逐渐明晰。在工业上，复合材料指的是将高强度、高模量、脆性的增强体和低模量、韧性的基体材料经过一定的成型加工方法制成的综合性能优异的材料。现代材料学讨论的复合材料则是指纤维增强、薄片增强、颗粒增强或自增强的聚合物基、陶瓷基或金属基复合材料。其中，使用较为广泛、效果最好的增强体是纤维。20世纪60年代，为进一步满足航空航天等尖端技术所用材料的需要，多种以高性能纤维（如碳纤维、硼纤维、芳纶纤维、碳化硅纤维等）作为增强体的先进复合材料相继研制成功，使得复合材料性能得到不断提升。其中的佼佼者就是采用碳纤维增强的复合材料，该材料具有强度高、耐热性好、抗冲击性强以及比重小等一系列优点。1979年6月，第一架飞跃英吉利海峡的人力飞机“信天翁”号（见图4）就使用了碳纤维复合材料。

图4　人力飞机“信天翁”号

进入 21 世纪以来，先进复合材料在航空工业中得到了更大规模的应用，其使用比例的大小甚至成为评判飞机是否先进的标准之一。波音 787 飞机在机身和主要结构（如前端机身、全动平尾、安定面等关键部件）上大面积使用了碳复合材料，占到波音 787 飞机结构质量的 50%，是制造业历史上的一次革命性跨越，如图 5 所示。复合材料的应用不仅减轻了飞机的总质量，更克服了传统材料构件易疲劳开裂和易腐蚀的缺点。

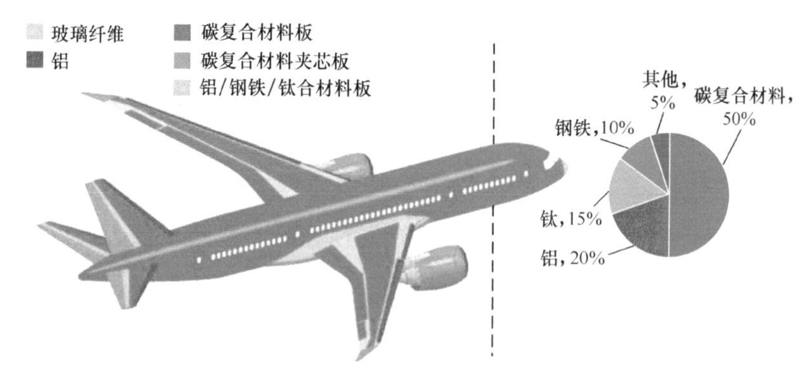

图 5　各类材料在波音 787 飞机上的应用比例

近年来，由于在抗腐蚀性、比强度、可设计性等方面的优势，复合材料也被广泛地应用于国民经济生产和生活的各个领域，如图 6 所示。在体育用品方面，复合材料制成的高尔夫球杆、羽毛球拍、登山杖、自行车、滑雪板等开始进入人们的视野。在风力发电方面，目前风电叶片广泛使用碳纤维增强复合材料来制造以满足其对材料强度和刚度上的要求。另外，纤维增强复合材料化学性质稳定，抗腐蚀能力强，近些年也被用于制造膝关节、踝关节等人体假肢和各类医疗器械。

（a）自行车

（b）风电叶片

（c）笔记本计算机外壳

图 6　复合材料的应用

复合材料的发展，从最初的取之于自然，到无意中的发现与创造，都与人类生产发展息息相关。现代复合材料则是有了更具意义的使命，即围绕着传统材料不能适应的工程技术难题和尖端科学技术提出的新材料需求不断创新发展。除了材料本身的不断更迭，复合材料的发展也离不开复合材料的制造技术，由于复合材料具有各式各样的独特材料特性，其制造与成型方法与传统材料完全不同，因此，对于复合材料研究的重中之重便是发展先进的复合材料制造成型方法和制造装备。

复合材料制造的演化

前面初步介绍了复合材料的发展历史和基本概念以及为什么其基体和增强体的混合能够达到“1+1 ＞ 2”的神奇效果。随着我们走进复合材料的世界，不难发现在复合材料的世界中可谓群星闪耀。其中，树脂基复合材料尤为耀眼，尤其是由碳纤维作为增强体的碳纤维增强塑料（carbon fibre reinforced plastics，CFRP），由于其高强度、高弹性模量、耐摩擦、耐腐蚀等出色的材料性能，已被广泛应用于航空航天、交通运输、风电、医疗等众多领域，可以说是复合材料界当之无愧的明星[1]。接下来，将着重介绍基于树脂基复合材料的制造工艺的演化过程，借助其俯瞰整个复合材料制造世界的发展。

1. 接触低压成型工艺

树脂基复合材料发明于 1932 年[2]。最早的加工方式是手糊成型工艺，顾名思义，就是用手工作业的方式将纤维织物和树脂交替铺在模具上黏结在一起后固化成型的工艺。用手铺的方法设备简单、容易掌握，可以很容易满足复杂外形产品的设计需求。1940 年，美国以手糊成型工艺制成了玻璃纤维增强聚酯的军用飞机雷达罩，并装配于 P-61 战斗机（见图 7）上。

图 7　P-61 战斗机

复合材料成型工艺在随后几年致力于改进手糊成型工艺的各项不足。1950 年，真空袋压成型工艺的出现提高了手糊成型工艺产品性能的稳定性。1960 年，玻璃纤维 - 聚酯树脂喷射成型技术的出现大大提高了手糊成型工艺的零件质量和生产效率 [3]。这一时期相继出现的真空袋压成型工艺、热压罐成型工艺、喷射成型工艺等，与手糊成型工艺统称为接触低压成型工艺，如图 8 所示。

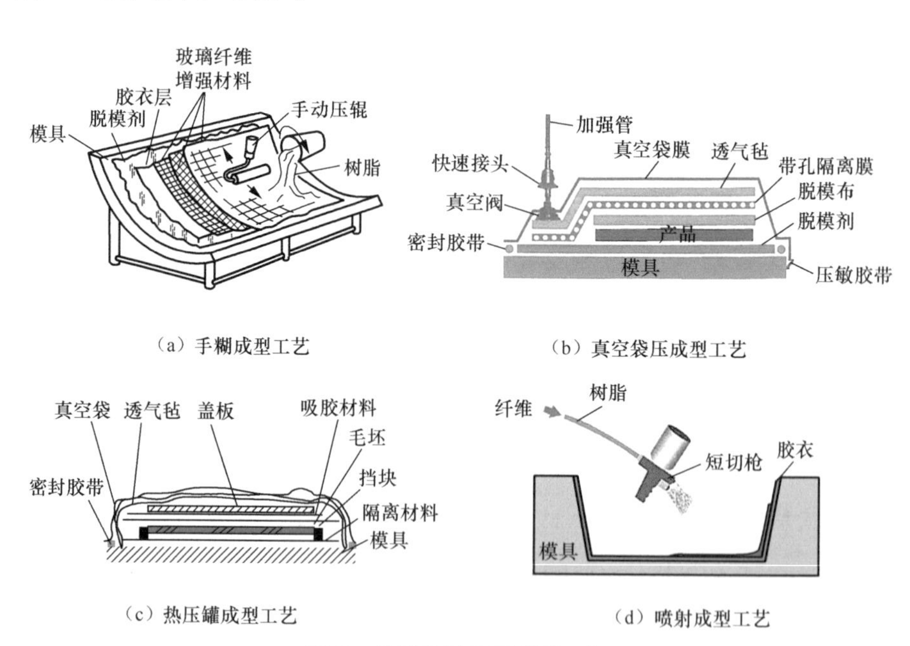

图 8　常见接触低压成型工艺

接触低压成型工艺是先将材料在阴模、阳模或对模上制成设计形状，通过加热或常温固化，脱模后再经过辅助加工获得制品，其优点在于设备简单、适用性广、投资少、见效快。但其同时也存在着生产效率低、劳动强度大、产品重复性差等显著缺点。针对这一问题，美国、日本、法国等国家先后开发了产量高、幅宽大、可连续生产的玻璃纤维复合材料板生产线，使接触低压成型工艺走向大型化、自动化、高效化、专业化，对复合材料工业的发展起到了决定性的作用。

2. 拉挤成型工艺

拉挤成型工艺于 20 世纪 50 年代开始研发，并于 20 世纪 60 年代中期投入生产。这种成型工艺的原理是将浸润过树脂胶液的连续纤维束在牵引结构拉力的作用下，通过成型模成型，并在模具中或固化炉中固化，从而连续生产出长度不受限制的复合型材。拉挤成型工艺流程如图 9 所示。这种成型方式生产效率高、易于控制、产品质量稳定、制造成本也较低。同时，由于纤维是纵向排列的，生成的零件具有良好的拉伸强度和弯曲强度[4]。

经过数十年的发展，复合材料拉挤成型工艺从最初的等截面拉挤制品发展到截面厚度可变、宽度不变的拉挤制品，再进一步发展到截面形状可变、面积不变的拉挤制品，原材料也实现了多样化，使制品性能具有了可设计性。当前，拉挤成型工艺主要用于生产各种玻璃钢型材，如玻璃钢棒，工字型、角型、槽型、方型、空腹型及异形断面型材等。

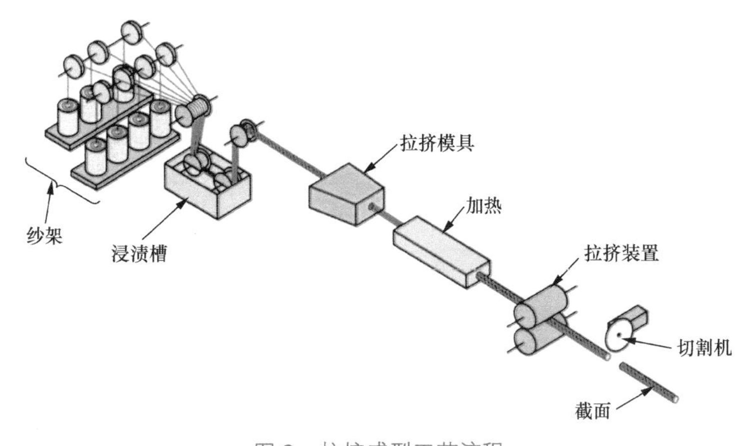

图 9　拉挤成型工艺流程

3. 模压成型工艺

模压成型工艺是将一定量的预混料或预浸料加入金属对模内，经加热、加压固化成型的一种方法。其主要优点是可以一次成型结构复杂的制品、生产效率高，便于实现专业化和自动化生产。此外，应用此工艺生产的试件可以有效地避免分子取向，能较客观地反映非晶态高聚物的性能。但其存在模具制造复杂和前期投资较大的缺点，仅适合于批量生产中小型复合材料制品。

树脂传递模塑（resin transfer molding, RTM）是模压成型工艺的一种，是将树脂注入闭合模具中浸润增强材料并固化成型的工艺方法。RTM 成型工艺的基本原理如图 10 所示。20 世纪 50 年代，英国、美国等国家开始采用 RTM 成型工艺生产飞机雷达罩。RTM 成型工艺的特点在于：具有无须胶衣涂层即可为构件提供双面光滑表面的能力；能制造出具有良好表面品质的、高精度的复杂构件；成型效率高，适合于中等规模复合材料制品的生产；便于使用计算机辅助设计软件进行模具和产品设计；成型过程中散发的挥发性物质很少，有利于身体健康和环境保护。但 RTM 成型工艺仍存在孔隙率高、纤维含量低、脱模困难等问题。

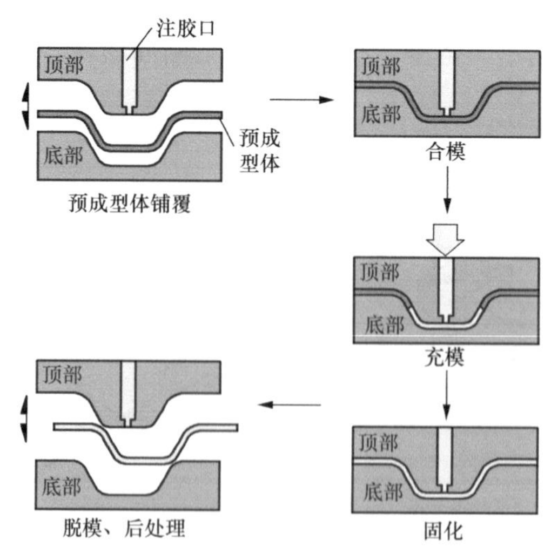

图 10　RTM 成型工艺的基本原理

近年来，针对 RTM 成型工艺存在的问题和局限性，国内外开展了大量颇有成效的研究，使 RTM 成型工艺渐趋成熟。真空辅助 RTM（vacuum assisted resin transfer molding, VARTM）成型工艺就是在 RTM 成型工艺的基础上，在树脂注入的同时从闭合模具出口处抽真空。该方法不仅提高了模具充模的压力，而且排除了模具和预成型体中，尤其是纤维束中的气体，因此同时提高了预成型体中树脂宏观流动速度和其在纤维束间的微观流动速度，有利于纤维的完全浸润，从而减少制品的缺陷。

4. 缠绕成型工艺

缠绕成型工艺于 1946 年出现在美国，其原理是将浸润过树脂胶液的连续纤维（或布带、预浸纱）按照特定规律以一定张力缠绕到芯模上，然后经固化、脱模，最终获得制品，如图 11 所示。在缠绕过程中，由于纤维需始终保持一定的张力，因此无法适用于表面有凹陷的结构产品成型。尽管如此，缠绕成型工艺仍然凭借其良好的比强度、可靠性、生产效率和低廉的成本成为树脂基复合材料结构产品制造的重要工艺之一。

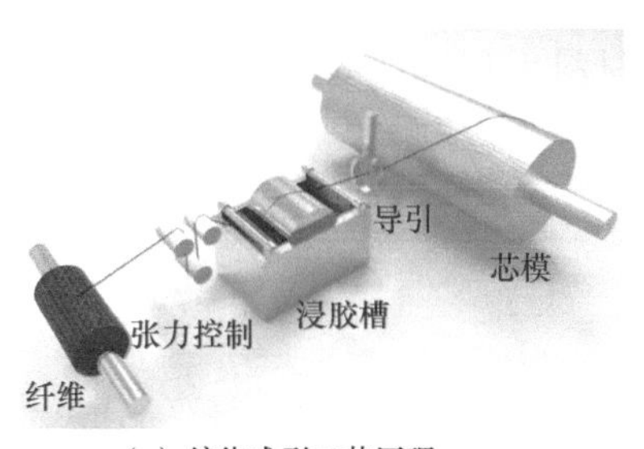

（a）缠绕成型工艺原理

（b）缠绕成型工艺制品实物

图 11　缠绕成型工艺

随着计算机控制技术的发展，纤维缠绕设备的精度、浸刮胶方式、立体多轴缠绕及张力控制，正向着高自动化、高集成化、高产量化的方向发展。高性能的树脂基体及高强纤维都开始逐步应用缠绕成型工艺进行复合材料的制造，这促使缠绕成型工艺有更大的应用领域和发展前景[5]。

5. 铺放成型工艺

铺放成型工艺源于 20 世纪 60 年代，根据纤维宽度的不同，其可分为自动铺带成型工艺和自动铺丝成型工艺，主要用于生产航空航天的大型的、特殊结构的构件[6]。

自动铺带成型工艺采用单向预浸带，如图 12(a）所示，在铺带头中完成预定形状的切割、定位，加热后按照一定设计方向在压辊作用下，直接铺叠到曲率半径较大且变化较缓的模具表面。铺带机多采用龙门式结构，其核心部件是铺带头，须完成超声切割、夹紧、衬纸剥离和张力控制等功能。自动铺丝成型工艺［见图 12(b)］综合了自动铺带成型工艺和缠绕成型工艺的优点，由铺丝头将数根预浸纱在压辊下先集束成为一条由多根预浸纱组成的宽度可变的预浸带后再铺放在模具表面，最后经过加热软化后压实定型。相较于自动铺带成型工艺，自动铺丝成型工艺更适用于曲率半径较小的曲面产品表面制备，铺设时没有皱褶，无须做剪裁或其他处理，因此铺丝可以代替铺带，但它的成本较高，效率也低一些。铺放成型工艺采用的材料体系成熟度高，设计成型方法继承性好，易于数字化设计和自动化制造，现已成为飞机复合材料大型构件的主要成型方法。

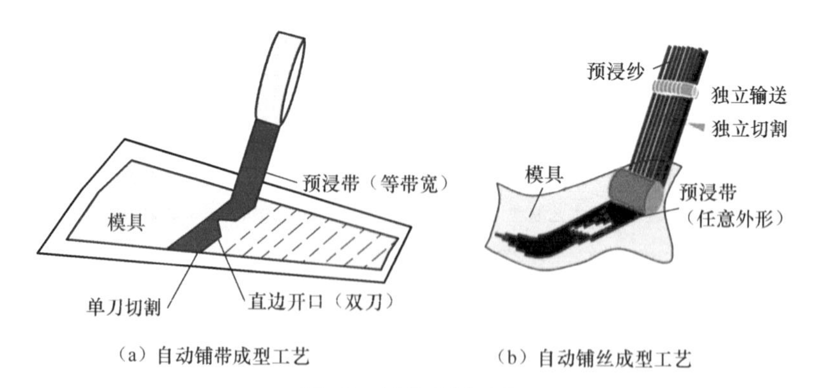

（a）自动铺带成型工艺　（b）自动铺丝成型工艺

图 12　铺放成型工艺

随着复合材料应用的深入，各行各业对复合材料的需求量越来越大，对复合材料的性能、结构与功能的要求越来越高。上述复合材料成型工艺的弊端也越发明显，具体体现在工艺过程较为复杂、加工成本较高且无法实现复杂构件的一体化快速制造，像蜂窝形状的复杂结构很难用现有的成型工艺制造，大大限制了复合材料的应用范围。因此，开发面向高性能复合材料复杂结构的低成本高效成型技术成为推动复合材料发展的关键。

3D 打印技术在复合材料制造中的发展与应用

如何更加灵活地控制复合材料的制造过程以实现复杂结构产品的制造呢？“3D 打印技术”为解决这一难题提供了有效途径。3D 打印技术也称为增材制造工艺，是独立于具有千年历史的等材制造工艺和具有百年历史的减材制造工艺之外的第三类制造工艺。形象地说，3D 打印过程与我们日常使用的打印机的打印过程类似，普通的打印机是将 2D 图像或图形数字文件通过墨水输出到纸张上，而 3D 打印则是使用原材料（如金属、陶瓷、塑料等）输出一个薄层，然后不断重复这一过程，层层叠加后最终形成三维空间实物。其优势在于以下几方面。

（1）设计空间无限。传统的成型工艺虽然已发展得较为成熟，但是在制造一些几何结构复杂的零部件时依旧束手无策，这个时候就可以借助 3D 打印技术，直接从内部瓦解，将零件拆分为一层层的 2D 区域，最后叠加起来，轻轻松松就完成了工作。可以说，3D 打印的出现使设计师的许多奇思妙想不再受传统成型工艺的限制。

（2）零技能制造。传统的成型设备体积庞大且昂贵，技术人员往往需要较长时间的培训才能熟练操作设备。作为新技术的 3D 打印则与它的前辈们不同，许多小巧的经济型 3D 打印设备已经进入了普通家庭，“傻瓜式”的操作方式使人们完全可以按照说明书快速入门并完成自己第一个小产品的打印。

（3）材料无限组合。3D 打印能够将多种材料进行组合打印，材料的特性决定了产品的性能。因此，使用者能够按需控制材料的组成及分布，调整产品的物理、力学和结构特性，从而完成个性化的定制。

因此，3D 打印的优势能够有效弥补传统复合材料成型工艺的缺陷，而该项技术也被广泛地运用到复合材料成型当中。3D 打印技术按工艺原理可分为选区激光烧结（selective laser sintering，SLS）、熔融沉积成型（fused deposition modeling，FDM）、分层实体制造（laminated object manufacturing，LOM）以及立体光刻（stereo lithography，SL）等。其中，FDM 是应用最广泛的一种成型工艺，复合材料 FDM 原理如图 13 所示。首先，复合材料由供料辊送至打印头中，再通过打印头内的加热器将复合材料加热至熔点以上，当纤维被树脂浸润后，根据打印轨迹和设定层厚，复合材料再从喷嘴中挤出，形成一层材料，每层材料都与前一层连接，重复以上步骤直至形成所需的几何结构。

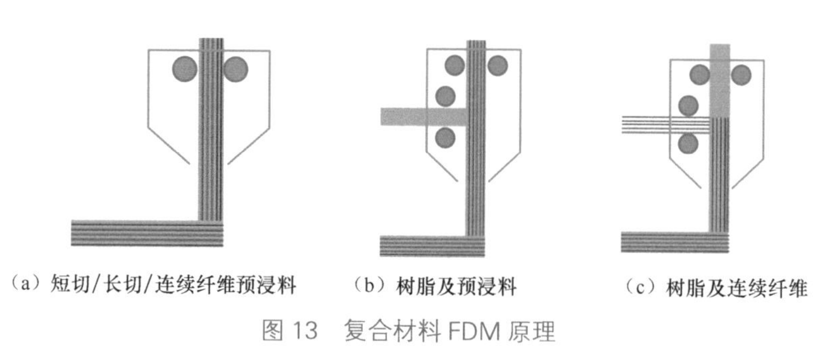

图 13　复合材料 FDM 原理

FDM 中可使用的纤维材料分为短纤维和连续纤维。短纤维由众多纤维小颗粒组成，包括短切纤维（纤维长度小于 1 mm）及长切纤维（纤维长度为 1 ～ 25 mm），这种材料与树脂均匀混合后能够在一定程度上增加打印结构的强度和刚度，打印时不需要保证打印轨迹的连续性，打印头可以自由跳转；连续纤维由一根或多根连续不断的长纤维组成，可以在 3D 结构件的特定区域和方向进行强化，综合性能更好，稳定性更强，因此，连续纤维配合树脂基体的力学性能远胜于短纤维增强复合材料，为了发挥连续纤维的优势，在打印时要尽量保证打印轨迹的连续性，避免切断。

此外，为了有效提升打印产品的力学性能和质量，研究人员从理论模型和实验分析两个方面开展了FDM工艺参数的相关研究，如西北工业大学的张卫红等[7]通过多尺度建模的方法研究了固化过程中形成的细观残余应力及其对复合材料加载损伤行为的影响，提出了固化过程及损伤失效一体化分析框架，如图14所示。比利时布鲁塞尔自由大学的Polyzos等[8]通过微观-介观-宏观逐层推进的多尺度方法，完成了对带有玻璃纤维、碳纤维和凯夫拉尔纤维的尼龙复合材料的弹性预测，提出了纤维增强复合材料多尺度模型，如图15所示。西安交通大学田小永等[9]对不同纤维含量的3D打印连续纤维增强复合材料（continuous fiber reinforced composites, CFRC）的刚度和强度性能进行了系统的研究并对具有可变纤维含量的功能梯度CFRC的性能进行了预测和分析。

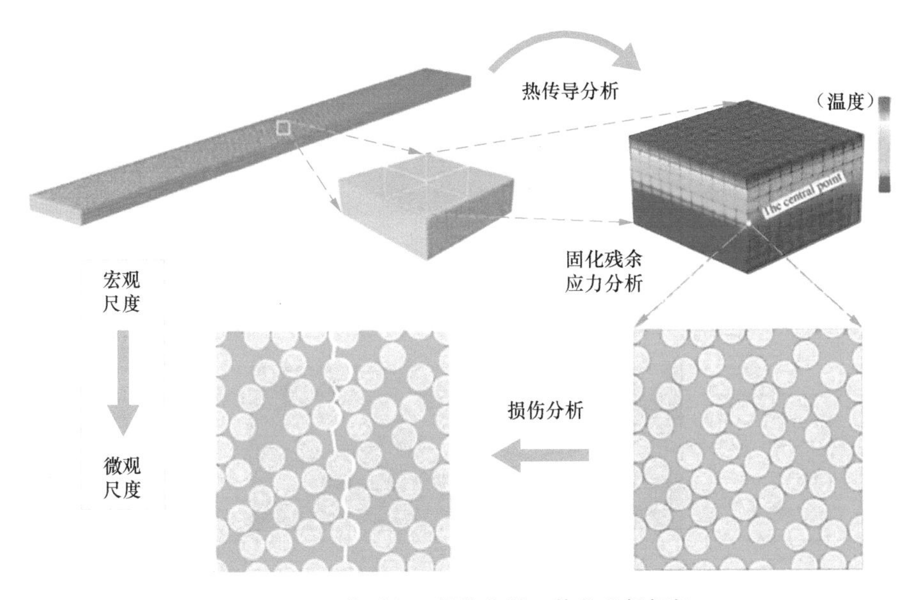

图14　固化过程及损伤失效一体化分析框架

在结构设计方面，许多设计人员也设计了各种有趣的结构并运用3D打印设备完成实物造型，如侯章浩等[10]设计出了一种“板－芯”连续搭接的形式并制备了高强轻质波纹板，如图16所示，为制备轻质高强的“三明治”板材提供了新的方法。尚俊凡等[11]通过观察螳螂虾的壳体内部结构，设计出了一种能够增强 z 向性能的仿生雀尾螳螂虾的正弦结构，如图 17 所示，从改变增强体排布的角度改善了制件线间和层间的综合性能，为复合材料 3D 打印 z 向增强提供了可行的解决思路。Yang 等 [12] 采用电子束辅助 3D 打印技术制备了具有 Bouligand 型结构的碳纳米管仿生结构，该结构的灵感来源于贝壳类生物外壳中的微观内部结构。通过冲击试验测试发现：试样内部旋转分布的各向异性铺层的能量耗散作用的存在让试样的整体抗冲击能力得到了显著的提高。

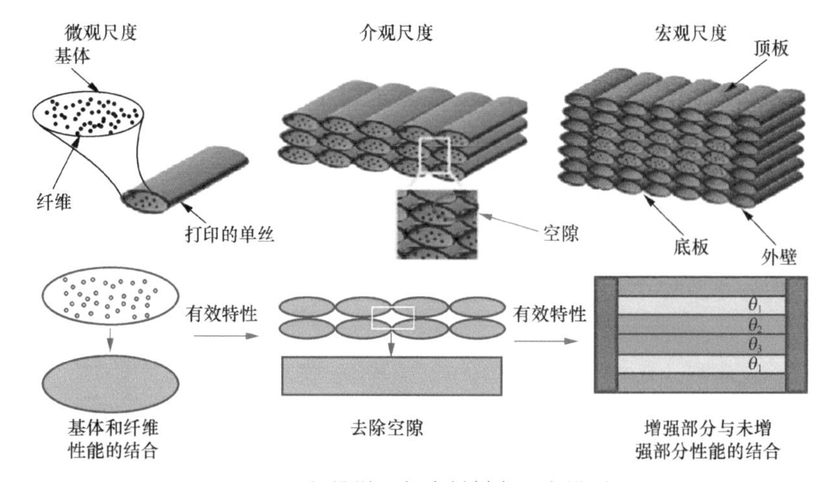

图 15 纤维增强复合材料多尺度模型

图 16 高强轻质波纹板

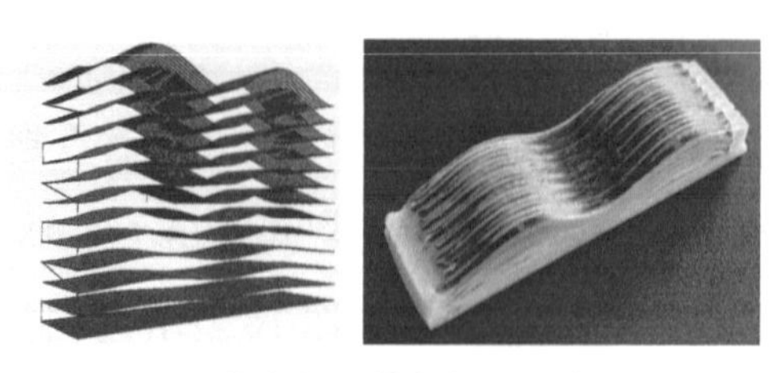

图 17 仿生雀尾螳螂虾的正弦结构

在成型轨迹方面，既有做应力优化提高力学性能的轨迹优化研究的，也有做保证复杂结构“一笔画”的轨迹设计研究的。Allen 等[13] 通过将 Delta 机器人和曲面层熔融制造技术组合在一起，完成了高表面质量曲面制件的快速制造，并且打印了类似三明治的夹心结构，能够实现材料和性能的梯度分布，为梯度结构和功能化制件提供了新思路，也证明了多自由度机器人应用于复杂结构先进制造的可行性。侯章浩等[14] 提出了一种基于应力梯度分布的 CFRC 纤维轨迹设计方法，如图 18 所示，提高了连续纤维增强复合材料的强度，研究了连续纤维增强复合材料 3D 打印中纤维含量调节的机理。根据其树脂的自适应进料计算方法，优化并制造了 3D 打印复合多孔板。Liu 等[15] 提出了新的自由悬挂三维打印方法，建立了自由悬挂打印路径，实现了无支撑桁架结构（见图 19）的制备，用于制作连续纤维增强热塑性复合材料 (continuous fiber reinforced thermoplastic composites, CFRTPCs) 立体多孔结构。

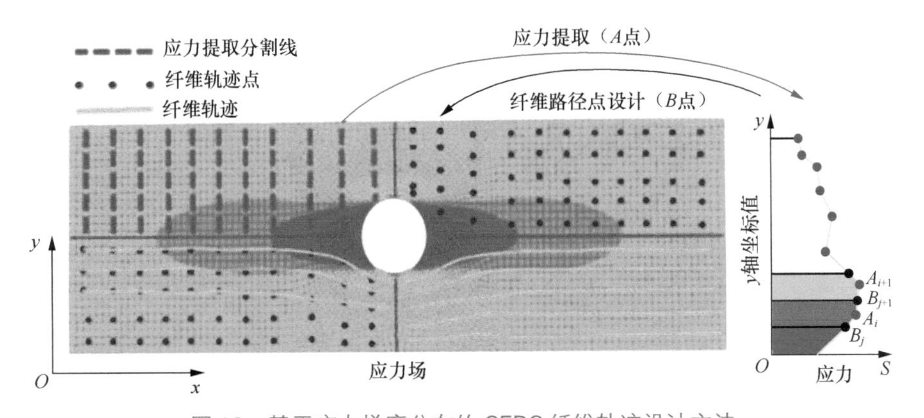

图 18　基于应力梯度分布的 CFRC 纤维轨迹设计方法

目前，市场上主流的 3D 打印机厂商有美国的 Markforged、俄罗斯的 Anisoprint 以及我国的 Fibertech 等。连续纤维 3D 打印技术正在随着 3D 打印机的研制而迅速崛起，它既可以用于大批量复合材料零件的生产，也可以打印富有挑战性的三维实体结构。随着该技术的成熟，越来越多的公司也将连续纤维 3D 打印引入到了他们产品的生产当中，如自行车、低成本复合材料无人机和游艇等，如图 20 ～图 22 所示。在未来，由连续纤维 3D 打印机制造的产品及其应用范围将会逐渐扩大，走进千家万户，成为我们生活中不可缺少的一部分。

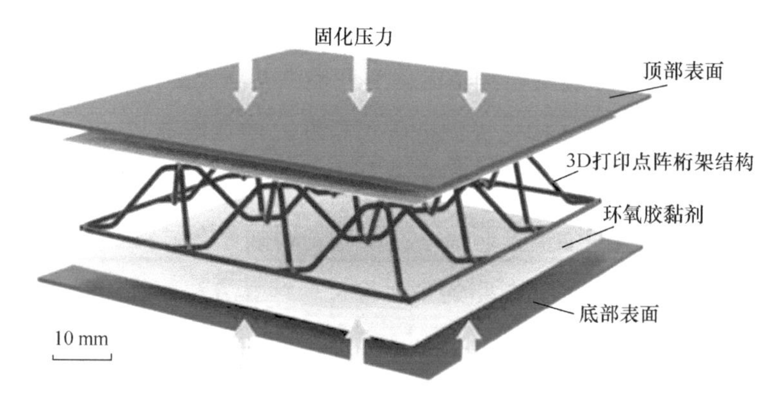

图 19　无支撑桁架结构

图 20　Superstrata 自行车

图 21　美国极光科学飞行公司的全 3D 打印喷气式无人机

图 22　Moi 公司的 MAMBO 游艇

人类在进步，科学在发展，复合材料的发展更是日新月异，一种材料的兴起与使用，会直接影响一个行业、一个领域甚至一个国家的科技竞争力，中国工程院发布的《全球工程前沿 2020》报告更是将“连续纤维增强复合材料增材制造”排进了工程前沿研究的前十名。复合材料发展千年，时至今日，其重要性不减反增，更是在先进技术层出不穷的当下成为各国科技发展的必争之地。伴随着科研工作者的辛勤付出，我们相信复合材料将在越来越多的领域替代传统材料，深入人们日常生活的各个角落，这是一个充满激情与活力的世界，也欢迎各位朋友加入我们，一起为复合材料大厦添砖加瓦。

结语

复合材料的发展离不开“后浪”，国家和社会的发展离不开“后浪”。在信息高度发达、互联网大数据使全世界互联互通的今天，如何充分发挥自身所学，如何将个人发展融入祖国和人民最需要的地方，达到神奇的“1+1 ＞ 2”的效果，是每个青年学者必须思考的问题。从复合材料的发展历程中，我们看到，只有通过不断的学习，才能完成技术的更迭，才能紧跟时代的步伐、满足社会发展的需求，更快成长为国家和社会所需要的复合型人才。所以，对于当代青年学者来说，走近复合材料，了解复合材料，从复合材料的发展历程中充分学习和借鉴，对于激发个人潜能，实现个人更好发展具有举足轻重的意义。以梦为马，不负韶华，让我们保持旺盛的学习和创造能力，锐意进取，为推动祖国科技高质量发展贡献自己的青春力量！

参考文献

[1] 张登科, 王光辉, 方登科, 等. 碳纤维增强树脂基复合材料的应用研究进展[J]. 化工新型材料, 2022, 50(1): 1-5.

[2] 何亚飞, 矫维成, 杨帆, 等. 树脂基复合材料成型工艺的发展[J]. 纤维复合材料, 2011, 28(2): 7-13.

[3] 吴良义. 航空航天先进复合材料现状[C]//第十三次全国环氧树脂应用技术学术交流会, 2009: 117-132.

[4] 包建文. 复合材料辐射固化技术与传统工艺的结合[J]. 宇航材料工艺, 2000(5): 19-22.

[5] 杨华英. 热固性复合材料纤维缠绕工艺的关键技术[C]//中国玻璃钢原材料市场暨玻璃钢最新技术工艺高层论坛, 2009: 5-8.

[6] 王志辉, 吕佳. 纤维铺放头机构的研究[J]. 机械工程师, 2007(12): 93-94.

[7] HUI X, XU Y, ZHANG W. An integrated modeling of the curing process and transverse tensile damage of unidirectional CFRP composites[J]. Composite Structures. 2021(263). DOI: 10.1016/j.compstruct.2021.113681.

[8] POLYZOS E, VAN HEMELRIJCK D, PYL L. Numerical modelling of the elastic properties of 3D-printed specimens of thermoplastic matrix reinforced with continuous fibres[J]. Composites Part B: Engineering, 2021(211). DOI: 10.1016/j.compositesb.2021.108671.

[9] YANG C, TIAN X, LIU T, et al. 3D printing for continuous fiber reinforced thermoplastic composites: Mechanism and performance[J]. Rapid Prototyping Journal, 2017, 23(1): 209-215.

[10] HOU Z, TIAN X, ZHANG J, et al. 3D printed continuous fibre reinforced composite corrugated structure[J]. Composite Structures, 2018 (184): 1005-1010.

[11] SHANG J, TIAN X, LUO M, et al. Controllable inter-line bonding performance and fracture patterns of continuous fiber reinforced composites by sinusoidal-path 3D printing[J]. Composites Science and Technology, 2020 (192). DOI: 10.1016/j.compscitech.2020.108096.

[12] YANG Y, CHEN Z, SONG X, et al. Biomimetic anisotropic reinforcement architectures by electrically assisted nanocomposite 3D printing[J]. Advanced Materials, 2017, 29(11). DOI: 10.1002/adma.201770076.

[13] ALLEN R J A, TRASK R S. An experimental demonstration of effective curved layer fused filament fabrication utilising a parallel deposition robot[J]. Additive Manufacturing, 2015(8): 78-87.

[14] HOU Z, TIAN X, ZHANG J, et al. Optimization design and 3D printing of curvilinear fiber reinforced variable stiffness composites[J]. Composites Science and Technology, 2021(201). DOI: 10.1016/j.compscitech.2020.108502.

[15] LIU S, LI Y, LI N. A novel free-hanging 3D printing method for continuous carbon fiber reinforced thermoplastic lattice truss core structures[J]. Materials & Design, 2017(137): 235-244.

张武翔，北京航空航天大学机械工程及自动化学院教授，博士生导师。长期从事先进复合材料结构成型工艺与装备及智能机器人相关研究。担任国际机构学期刊 *Mechanical Sciences* 编委、国际机构学与机器科学联合会（IFToMM）机器人和机电技术委员会委员、中国机械工程学会高级会员以及机器人分委员会委员等。主持国家重点研发计划重点专项、国家自然科学基金面上项目、“共融机器人”重大研究计划培育项目、北京市自然科学基金等。在机器人领域知名期刊和国际会议上发表学术论文 60 余篇，授权国家发明专利 30 余项。获国家技术发明奖二等奖 1 项（排名 2）及多项省部级科技奖励、国际知名学术会议优秀论文奖等荣誉。

尚俊凡，北京航空航天大学机械工程及自动化学院博士研究生。主要从事连续纤维增强复合材料 3D 打印工艺、装备及仿生设计等相关领域的研究工作。发表 SCI 一区期刊论文 3 篇、授权国家发明专利 4 项、参编专著 1 部、参与国家重点研发计划 2 项。曾获重庆大学优秀毕业生、西安交通大学优秀硕士毕业论文、北京航空航天大学博士新生奖学金等荣誉。

航空发动机复合材料风扇叶片制造技术

北京航空航天大学机械工程及自动化学院

周　何　李小强

航空发动机是飞机的核心部件，是航空领域发展的核心要素，更是被誉为飞机制造业“皇冠上的明珠”。现代商用飞机更高、更快、更安静的发展趋势对航空发动机的动力与效率提出了更高的要求，从而应用复合材料风扇叶片的大涵道高推重比涡扇发动机应运而生。复合材料风扇叶片应用的意义有哪些呢？它又是如何制造出来的呢？我们将从商用飞机发展需求的角度介绍航空发动机复合材料风扇叶片的应用背景与发展历程，对各个制造工艺进行介绍，并最后总结其中的关键技术发展方向。

为什么选择复合材料

在我们乘坐飞机的时候，如果留意过飞机机翼下庞大的航空发动机，就会发现其前端有一圈很大的叶片，这就是现代商用飞机所使用的涡扇发动机风扇叶片（见图 1）[1]。航空发动机风扇叶片一般较大，直径为 1 ～ 3 m，其作用是把进入发动机的空气进行初步压缩，而压缩后的气体则分两路：一路流进外涵道，流速较慢且是低温；另一路流进内涵道，继续压缩并在燃烧室产生高温燃气。这两种气体混合后，喷口气体的平均流速与温度就会降低。较低的流速能带来较高的推进效率和较低的噪声，而根据热机原理，较低的温度能带来较高的热力学效率，两种因素叠加影响就能产生巨大的推力。

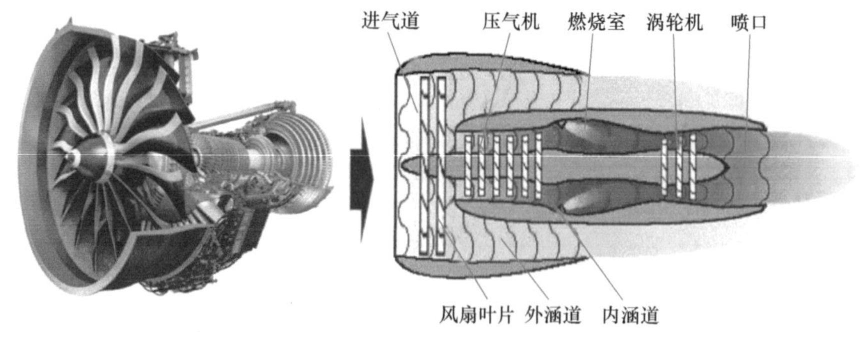

图 1　涡扇发动机风扇叶片

此处，外涵道与内涵道空气流量的比值即称为“涵道比”，也被称为“旁通比”。发动机的涵道比越大，其热效率就越高，也就越省油，所以商用飞机常使用大涵道比的涡扇发动机。然而涵道比越大，相应风扇叶片直径也就越大，发动机总体质量也会随之增加。据统计，风扇段质量占发动机总质量的 30% ～ 35%，所以降低风扇段质量是降低发动机质量和提高发动机效率的关键。

树脂基碳纤维复合材料（见图 2）（本文后面简称为复合材料）即为碳纤维增强材料与树脂基体组合而成的材料。相比传统风扇叶片所使用的钛合金材料，复合材料拥有质量轻且强度高、力学性能可通过铺层设计来灵活改变的优势。故工程师们选用复合材料（代替传统钛合金材料）作为制造航空发动机风扇叶片的新一代材料，以实现更大的涵道比，从而在提升发动机推力的同时降低噪声和油耗，进一步增加了飞机的经济性和舒适性。

图 2　树脂基碳纤维复合材料

复合材料风扇叶片发展历史

复合材料风扇叶片技术在国外发展已久，且在航空发动机上的应用也较为成熟，研究领域的领先者有美国通用电气航空公司、英国罗罗公司、法国 Snecma 公司等[2-5]，下面我们将以通用电气航空公司的研究历程为典型代表进行介绍[6]。

通用电气航空公司最早在1971年就开展了复合材料风扇叶片制造相关技术的研究，但当时各项技术的发展还不成熟，复合材料风扇叶片未能获得成功应用。直到20世纪80年代，通用电气航空公司开发了一种改进的环氧树脂材料，并在GE36发动机研究计划下开展了应用这种环氧树脂复合材料的一系列试验性研究，使GE36发动机成为世界上第一台使用复合材料叶片技术的航空发动机。之后在1995年，通用电气航空公司终于成功地将复合材料风扇叶片技术应用在GE90-94B发动机上，并随后在GE90-115B发动机风扇叶片的设计中，综合考虑了空气动力学、高周疲劳和低周疲劳等多方面的因素，设计出了更为先进的复合材料风扇叶片，实现了复合材料风扇叶片在商用飞机发动机上的首次成功应用，并以58 014 kg的推力获得当时推力最大发动机的吉尼斯世界纪录，该纪录直到2019年继任的GE9X发动机出现后才被打破。经过20多年的运行，GE90-115B发动机累计飞行时间超过3000万小时，经历了超过100次鸟撞事件，且仅有3片风扇叶片因撞击损坏而更换，证明了复合材料风扇叶片的可靠性完全满足严苛的商业飞行要求。

2007年，GE90-115B发动机风扇叶片（见图3）被纽约现代艺术博物馆收藏并进行展览，其介绍写道："GE90-115B发动机风扇叶片是尖端工程和设计的强大融合，其令人惊讶的美丽起伏外形是其空气动力学功能的纯粹表达。"

图3　收藏于纽约现代艺术博物馆的GE90-115B发动机风扇叶片

通用电气航空公司于 2013 年正式开始了 GE9X 发动机（见图 4）的研制工作，采用了第四代混杂复合材料风扇叶片，叶片总数量仅有 16 片，大大少于 GE90-115B 发动机的 22 片和 GEnX 发动机的 18 片[7]。加上 3D 打印技术等众多先进技术在发动机其他部位上的应用，GE9X 发动机的总推力达到了惊人的 134 300 lb（1 lb ≈ 0.45 kg），刷新了吉尼斯世界纪录。

图 4　GE9X 发动机

复合材料制造工艺分类与应用

既然复合材料风扇叶片性能如此强大且可靠，我们又是使用什么样的工艺来制造它的呢？目前相对主流的制造工艺有几种：（1）预浸料手工铺放 + 热压罐成型工艺；（2）三维编织碳纤维增强 RTM 成型工艺；（3）预浸料自动铺丝 + 热压罐成型工艺。接下来对这些制造工艺进行更加具体的介绍。

1. 预浸料手工铺放 + 热压罐成型工艺

热压罐成型工艺也称作真空袋 - 热压罐成型工艺，是航空航天复合材料结构制造最常用的制造工艺。预浸料手工铺放 + 热压罐成型工艺流程为：先把一片片薄片状的预浸料（铺层）切割成预先设计好的形状（下料），然后在模具上按照顺序手工进行铺贴，铺贴完毕后，将其与其他工艺辅助材料组合在一起，形成一个真空袋组合系统，然后放入热压罐中，给予一定压力和温度，完成零件的固化成型，最后采用数控加工技术去除边角的多余材料，喷涂并装配金属包边，即完成了全部的制造工作，如图 5 所示。

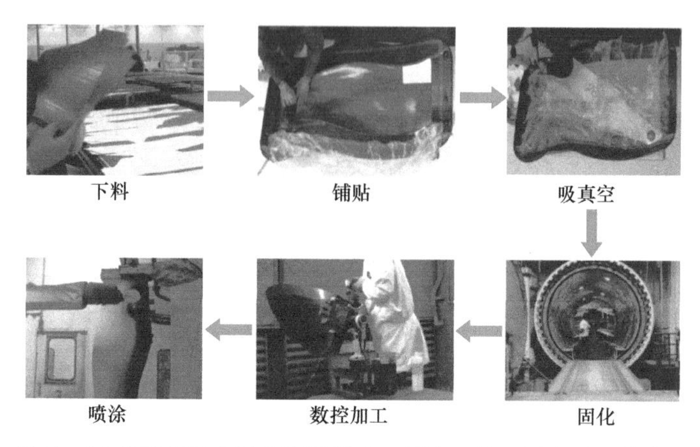

图 5　GE 发动机风扇叶片预浸料手工铺放 + 热压罐成型工艺过程

在此工艺中使用的模具常用 invar36 合金钢来设计与制造。invar36 合金钢拥有极低的膨胀系数，即在 −80 ℃～ 230 ℃的温度范围内，其外形尺寸变化极小，可大大减少复合材料零件在热压罐中固化时受到模具变形的影响。复合材料风扇叶片模具的典型结构为金属框架式，由模具型面、模具支架和模具底部垫板组成，如图 6 所示。

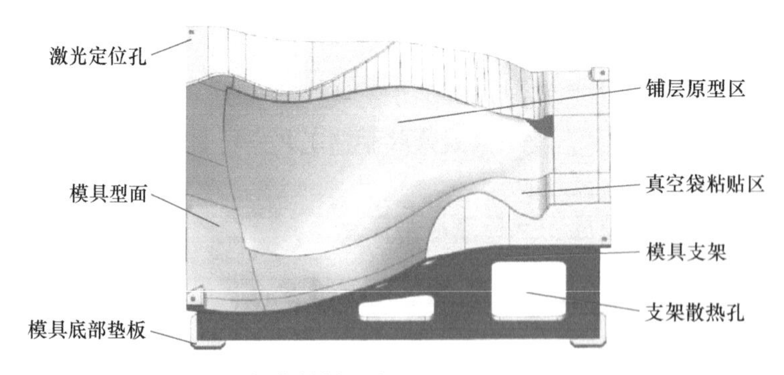

图 6　复合材料风扇叶片模具的典型结构

为了追求热膨胀系数与复合材料的极致接近，国外也有公司使用复合材料来制造模具。近年来，美国 Hexcel 公司采用了 M61 和 M81 两种树脂基碳纤维复合材料制造复合材料风扇叶片模具 HexTOOL，如图 7 所示。HexTOOL 尺寸稳定性好，公差稳定性和可重复性媲美 invar36 合金钢模具，且气密性、热学性能优异，质量较小。CFAN 公司（由通用电气航空公司与法国 Snecma 公司合资成立）目前已经采用超过 80 种 HexTOOL M61 模具用于生产 GE90-94、GE90-115B、GEnx-1B 和 GEnx-2B 发动机的风扇叶片。相对传统的 Invar36 合金钢模具，HexTOOL 减重达 75%，加热与固化效率提升了 20% 以上。

图 7　使用复合材料制造的复合材料风扇叶片模具 HexTOOL

2. 三维编织碳纤维增强 RTM 成型工艺

如果使用相同的预浸料铺层来制造相对小尺寸的复合材料风扇叶片，则会由于叶片刚度太高，导致弹性不够，在遇到飞鸟撞击时，此类小尺寸叶片会立即崩坏成碎片。直到 2012 年，Snecma 公司使用三维编织碳纤维增强 RTM 成型工艺生产的 LEAP-X 系列发动机复合材料风扇叶片的问世，才解决了这个技术问题。

RTM 成型工艺是使用低黏度树脂（聚酯树脂、环氧树脂等）在闭合模具中自然或人为加压控制流动，在一定时间内完全、均匀地浸润增强材料，并在可控时间内固化成型的一种复合模塑技术。

LEAP-X 发动机复合材料风扇叶片的制造过程如图 8 所示。首先使用三维编织机进行预制体的编织，对其进行切割整形后，再将其进行适当的扭转，并放置到模具里，然后采用 RTM 成型工艺成型，脱模后安装钛合金包边，最终完成风扇叶片的整体制造。此成型工艺的技术优势在于：三维编织可以制造出网状结构的复杂外形预制体，其成本与使用传统层合板复合材料相比更低，而且可以针对零件的特定使用条件来定制不同部位的力学性能，使零件整体拥有更高的耐分层性、防弹性以及冲击损伤耐受性。

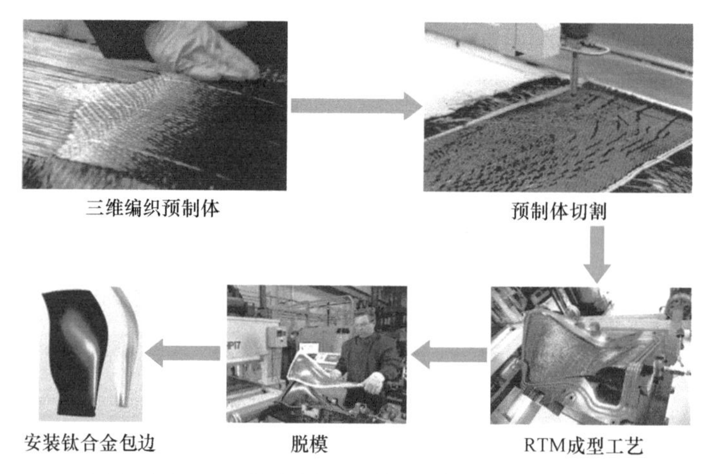

图 8　LEAP-X 发动机复合材料风扇叶片的制造过程

Snecma 公司使用的 RTM 模具和成型工艺过程如图 9 所示，可以看到其使用的模具为具有上下模的分体式模具，侧面装有便于吊装的吊耳和定位孔，周边带有一体式的管路用于抽真空或者液体加热保温。上下模工艺分离面的设计、注射口和排气口的分布以及密封方式是此模具的设计难点。

图 9　Snecma 公司使用的 RTM 模具与成型工艺过程

3. 预浸料自动铺丝 + 热压罐成型工艺

预浸料自动铺丝 + 热压罐成型工艺与预浸料手工铺放 + 热压罐成型工艺的流程相似，其区别主要在于前者使用了自动铺丝工艺。自动铺丝工艺的过程：使用自动铺丝机将多条复合材料预浸料带或丝束铺放在模具表面上，并通过适当的工艺条件（如加热、压实和张紧系统），使引入丝束和已铺放的基材之间相互黏合；并排的数根丝束形成一根条带，数根条带组合形成一层铺层，然后多个铺层形成一个层压板或者完整构件，如图 10 所示。待我们使用自动铺丝工艺完成了零件的铺放之后，就把零件与模具一起放入热压罐中进行固化成型，最后采用数控加工技术完成风扇叶片的制造。法国 Coriolis C1 型自动铺丝机的铺丝工艺现场如图 11 所示。

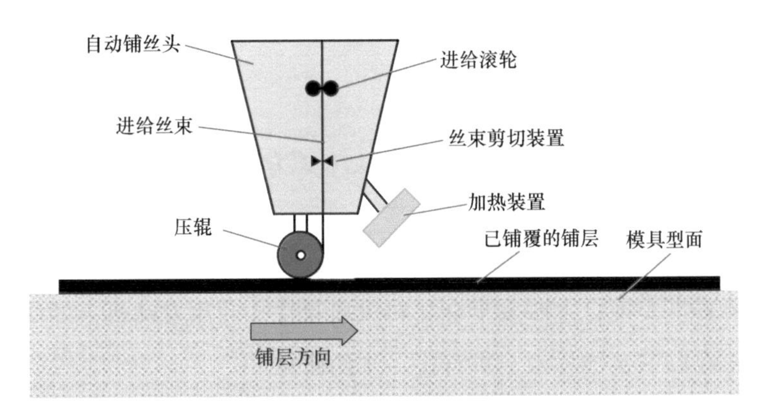

图 10　自动铺丝工艺的过程

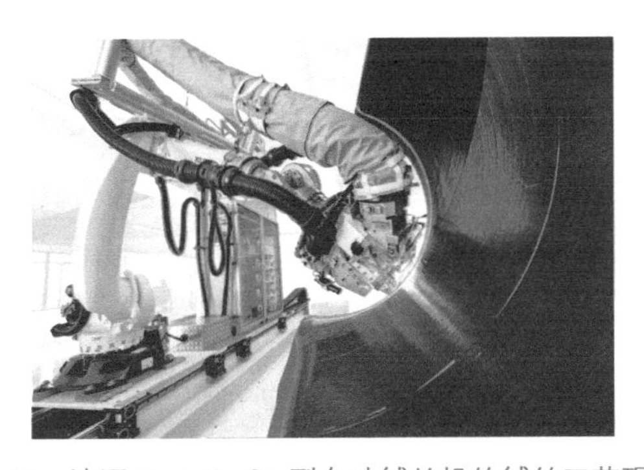

图 11　法国 Coriolis C1 型自动铺丝机的铺丝工艺现场

用于自动铺丝工艺的模具与用于手工铺层工艺的金属框架式模具整体上比较相似，不同之处主要在于：用于自动铺丝的框架式模具，其型面需要与铺丝机协同配合，故需要对铺丝机专用定位装置进行设计，并预留余量区避免铺丝头与模具型面发生干涉。图 12 所示的罗罗公司使用的自动铺丝工艺的模具外形结构。

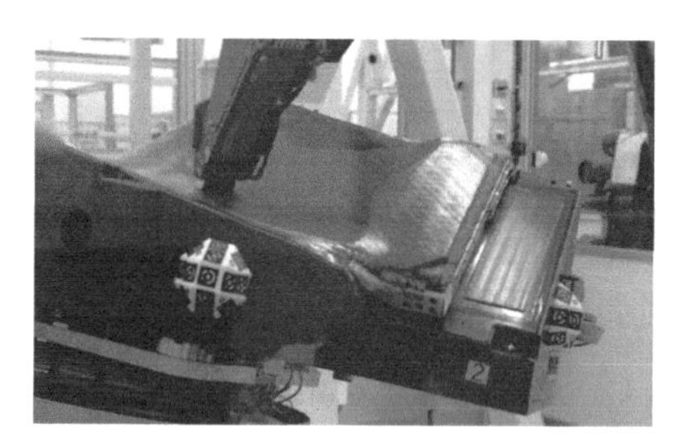

图 12　罗罗公司使用的自动铺丝工艺的模具外形结构

我国复合材料风扇叶片研制关键技术的发展方向

我国在商用大涵道比涡扇发动机复合材料风扇叶片研制工作上的起步较晚，要真正实现自主研发复合材料风扇叶片在商用发动机上的应用，我们还需要在以下关键技术上进行进一步的研究[8]。

1. 建立复合材料体系

GE9X 发动机使用的通用电气第四代混杂材料风扇叶片在叶身、叶尖、后缘均采用了适合此部位性能要求的、不同的复合材料，我们可以看到，现在国外使用的材料形式由“单一”逐渐向“混杂”转变。对标国际先进复合材料在航空发动机风扇叶片上的应用情况，我国自主研发的国产复合材料在性能和应用范围上存在明显的差距，加上国外许多高性能材料对我国禁运，故我们需要研究适用于航空发动机风扇叶片的国产复合材料，建立我们自己的复合材料体系。

2. 制造工艺的自动化

复合材料风扇叶片结构外形为双曲面，曲率变化大，厚度变化剧烈，且存在大扭转、变截面区域，使用传统手工操作进行铺贴，难免出现难以预测的铺贴偏差，进而影响叶片整体外形。故 Snecma 公司在 LEAP-X 发动机风扇叶片上使用的三维编织技术与罗罗公司在 UltraFan 上采用的机器人自动铺丝工艺，均使用了自动化成型工艺来提高生产的效率和稳定性，减少了人为操作导致的偏差，同时机器人的应用与三维编织技术的可设计性也大大提高了制造工艺的柔性，可用于其他复杂外形复合材料构件预成型体的制造。

3. 工艺设计与仿真软件的开发

航空发动机风扇叶片结构外形复杂，不仅在预浸料铺贴的过程中容易出现偏差，而且在热压罐中固化的过程中也容易发生难以预测的变形。故在工艺设计与制造过程中，我们需要使用仿真技术进行合理的工艺规划和参数设计。以自动铺丝工艺为例，国外有 CADfiber、VeriCut 等软件可进行自动铺丝工艺的铺丝路径规划及机床运动仿真，功能齐全而且计算效率高。故我们也急需开发我们自己的国产工艺设计与仿真软件，配合我们自主研发的自动化铺丝设备进行高效率的制造。

结语

随着制造技术与信息技术的不断进步，复合材料风扇叶片已经在越来越多的商用航空发动机中得到应用，其制造工艺也正朝着自动化、高效率、高性能、高精度、高可靠性的方向发展。目前，我国自主设计的大型民用客机 C919 已经完成取证试飞，其约 12% 的复合材料使用量也代表着我国在复合材料领域应用水平的突破与发展。虽然我们的复合材料风扇叶片制造技术尚处于技术积累阶段，但终有一天，我国的商用大飞机终能采用自主研发的涡扇发动机飞上蓝天。

参考文献

[1] 陈光. 大涵道比涡扇发动机风扇叶片的变迁[J]. 航空动力, 2018(5): 26-30.

[2] MARSH G. Aero engines lose weight thanks to composites[J]. Reinforced Plastics, 2012, 56(6): 32-35.

[3] ZHANG X, CHEN Y, HU J. Recent advances in the development of aerospace materials[J]. Progress in Aerospace Sciences, 2018(97): 22-34.

[4] 马子于, 苏震宇, 魏然. 复合材料风扇叶片的发展与思考[J]. 科技与创新, 2020(13):34-37.

[5] 王晓亮, 刘志真, 纪双英, 等. 商用航空发动机先进复合材料风扇叶片研究进展[J].新材料产业, 2010(11): 36-41.

[6] 李杰. GE公司复合材料风扇叶片的发展和工艺[J]. 航空发动机, 2008, 34(4): 54-55.

[7] 陈光. GE9X的发展与设计特点[J]. 航空动力, 2018(3): 37-40.

[8] 刘维伟. 航空发动机叶片关键制造技术研究进展[J]. 航空制造技术, 2016(21): 50-56.

周何，北京航空航天大学机械工程及自动化学院博士研究生。研究方向：复合材料风扇叶片自动铺丝工艺。

李小强，北京航空航天大学机械工程及自动化学院教授、博士生导师。长期从事飞行器制造技术与装备研究，主持国家自然科学基金、国家科技重大专项基础研究课题等项目10余项。授权国家发明专利30项，发表论文100余篇。获中国航空学会科技进步奖一等奖1项，国防科技进步奖一等奖、三等奖各1项，辽宁省科技进步奖三等奖1项。

超乎想象的激光清洗技术

北京航空航天大学合肥创新研究院

王泉杰

北京航空航天大学机械工程及自动化学院

管迎春

提起清洗，我们首先想到的是水和各种化学清洗剂。航空航天、集成电路、精密加工等领域近年来快速发展，对清洗技术提出了越来越高的要求，传统的“接触式”清洗技术因容易对基体造成损伤、产生环境污染等缺点，不能满足部分清洗需求。那么，不接触到污渍如何清洗？激光为什么能够用来清洗？激光清洗技术又有哪些应用？下面就来一一解答。

光加工时代

激光作为20世纪能够与原子能、半导体及计算机齐名的四项重大发明之一，经过60多年的快速发展，对人类社会产生了重要的影响。激光加工是利用激光束投射到材料表面产生的热效应来进行材料加工的。得益于激光的极高亮度、方向性、单色性和相干性等特点，激光加工具备其他加工方法不可比拟的显著优势，如材料适用性广、无接触无磨损、应力低、效率高、工艺灵活、绿色环保等。激光加工技术被广泛应用于切割、焊接、打孔、打标等加工领域（见图1）。

目前，以德国、美国、日本为代表的少数发达国家主导和控制着全球激光技术和产业的发展方向。其中，德国的工业激光处于世界领先地位，而美国IPG公司的光纤激光器则代表了世界激光产业的发展方向。欧美主要国家在大型制造产业，如航空航天、机械、钢铁、汽车、船舶、电子等行业，已基本完成了激光加工对传统加工工艺的更新换代，正式跨入“光加工时代”。在我国，国产关键激光器件（如激光芯片、掺镱光纤等）的关键技术持续突破，高功率激光装备、光源、激光芯片和控制系统等的市场占有率均稳步提升，中国激光行业的国产化替代进程正不断加快。

（a）激光切割　（b）汽车传动轴激光焊接

（c）芯片激光打孔　（d）激光打标

图 1　激光加工技术的典型应用

认识激光清洗

激光清洗技术是重要的激光应用技术之一，它利用高强度的激光束，在极短时间内向污染物及基体输出大量能量，产生振动、熔化、蒸发等一系列光物理反应，从而使污染物脱离基体材料。激光清洗精度高、材料适用性广且可控性好，实现了清洗方法上的高效、绿色与环保。该技术被誉为“21 世纪最具潜力的清洗技术之一”，已被广泛应用于航空航天、工业生产、微电子工业和文物保护等领域。

1969 年，激光清洗的概念由美国加州大学伯克利分校空间科学实验室和核能工程系的 Beadair 等首次提出。仅仅两年后，美国学者 Asmus 就尝试将激光清洗技术应用于历史建筑、文物和艺术品的清洗上，取得了非常好的效果，成功地清洗了石像雕塑表面的污染物且没有损伤艺术品本身。此后，激光清洗技术在艺术、文物保护领域获得了非常广泛的应用。在法国和意大利，用激光清洗历史建筑已是非常常见的事情，而在我国，叶亚云等使用YAG激光器输出的激光（波长为1064 nm）实现了对云冈石窟砂石表面污染物的清洗。

在微电子工业领域，随着磁盘记录密度的增加，磁头在盘面上的滑行高度已达0.1 μm以下，即使是次微米级的颗粒都可能让磁头滑块和磁盘受到损伤。与此同时，半导体行业的高速发展对硅晶元掩模表面的污染微粒的清洗技术也提出了更高的要求。研究发现，激光清洗能够有效去除此类次微米级污染物，其相关技术得到迅猛发展。20世纪90年代，IBM公司通过激光烧蚀清洗技术和液膜辅助式清洗技术相结合的方法成功去除了光掩刻膜表面的吸附颗粒［见图2(a)］，并实现了激光清洗技术在微电子元器件制造过程中的产业化应用。

在汽车制造行业，从20世纪90年代起，激光清洗技术被广泛应用于轮胎模具、制动盘与齿轮轴的清洗［见图2(b)～(d)］。

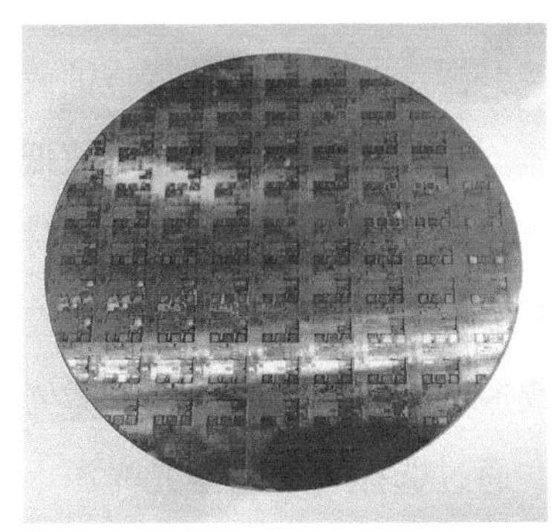

（a）光掩刻膜表面吸附颗粒的去除

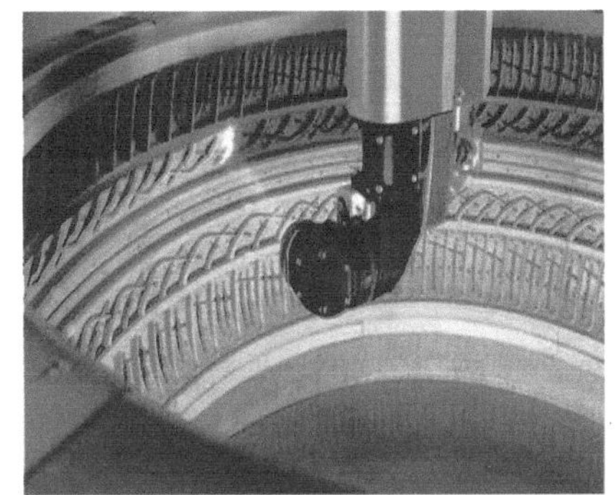

（b）轮胎模具清洗

（c）制动盘清洗

（d）齿轮轴清洗

图2　激光清洗技术在微电子工业领域和汽车制造行业的应用

附着在基体材料上的污染物会受到静电力、范德瓦耳斯力、共价键、氢键和毛细力等的共同作用。清洗过程就是通过一定方法破坏这些作用力，使污染物溶解、气化或剥离，从而脱离基体材料的过程。根据机理的不同，典型的激光清洗方法可以分为激光烧蚀清洗、液膜辅助式清洗和冲击波式清洗三种，如图 3 所示。

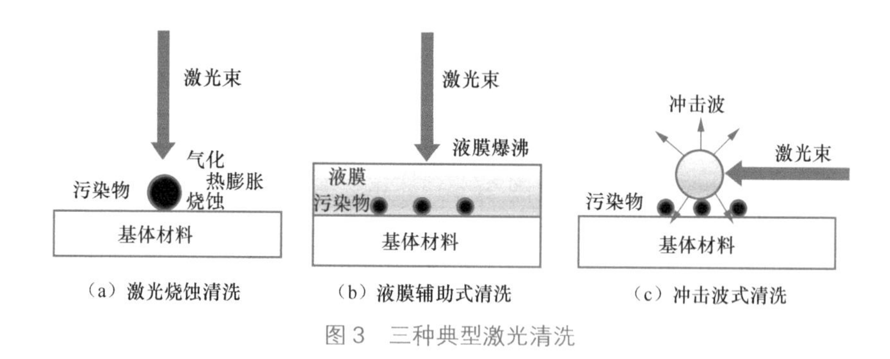

图 3　三种典型激光清洗

激光烧蚀清洗又称“干式”激光清洗，其主要清洗机理包括气化、烧蚀和热膨胀等。利用激光束使污染物快速升温，当温度升高至烧蚀阈值以上，污染物迅速烧蚀、气化，并脱离基体。当基体材料的烧蚀阈值低于污染物阈值时，应控制激光的能量输出以避免对基体产生损伤。该条件下的污染物仅发生物理过程，利用污染物和基体材料之间热膨胀系数的差异在界面处产生应力，使污染物撕裂、剥离或振动破碎而实现脱离。激光烧蚀清洗技术是使用最广泛的激光清洗技术，通过选择合适的激光光源、采用优化的工艺参数，可满足大多数污染物（如涂层、漆层、污渍或颗粒物等）的清洗需求。

液膜辅助式清洗又称“湿式”激光清洗，清洗时需要在污染物表面增加一层特定的液膜，利用该层液膜在短时间内吸收激光能量而产生爆沸，高速运动的液态介质将动能传递给污染物，瞬态的爆炸性动能足以破坏污染物和基体材料之间的作用力，从而达到清洗的目的。这种清洗可以弥补“干式”激光清洗过程中冲击动能不足的情况，常被用于去除吸附力强的顽固污染物。

冲击波式清洗主要应用于微电子工业和精密加工等领域，用于去除精细表面的亚微米级甚至纳米级颗粒污染物。此时，激光多以平行于基材表面的方向射出，与基材保持较小距离而不接触，利用激光光束使焦点附近的空气发生电离作用生成冲击波，从而除去精细表面的微小颗粒。

除上述典型激光清洗方法外，激光复合清洗也是一种极具潜力和发展前景的新方向。其机理如图 4 所示，通过半导体激光器产生的连续激光作为热传导输出，使污染物吸收能量产生气化、等离子云，形成热膨胀压力从而降低与基体间的结合力；随后采用半导体激光器输出高能脉冲激光，产生冲击波使污染物受到冲击振动而脱离，实现快速清洗。激光复合清洗技术能以同样的成本将清洗的效率提高 2 ～ 3 倍。

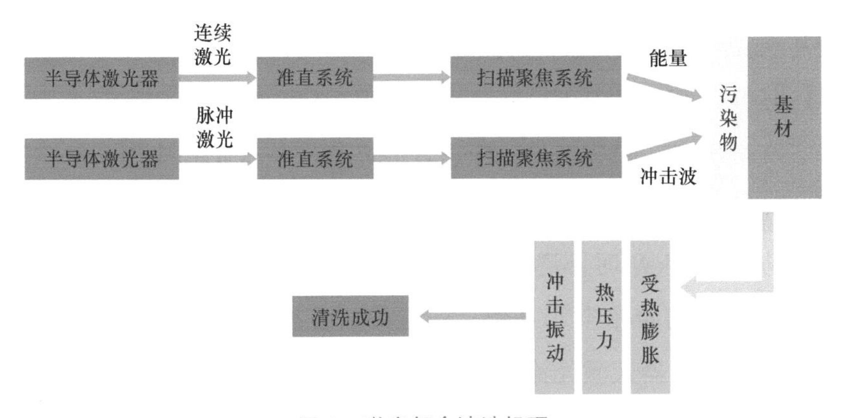

图 4　激光复合清洗机理

激光清洗技术在航空航天领域的应用

航空航天领域的精密零配件在装配前都需要经过仔细的清洗，以去除加工过程中遗留的颗粒和污染物。与此同时，飞行器、航空发动机等维修 / 再制造工程的首要步骤是除锈、除漆和除污等。图 5 所示为典型清洗技术在航空航天领域的应用。起初，应用最广泛的是化学清洗技术。1995 年至今，随着全球环保和可持续发展的要求日趋严格，激光清洗技术以其精度高、效率高、环保等优势，逐渐在航空航天领域大放异彩。

（a）机械清洗　（b）化学清洗　（c）激光清洗

图 5　典型清洗技术在航空航天领域的应用

1. 飞行器机身漆层清洗

飞行器表面功能保护漆随着服役环境和时间变化，经常会出现老化、龟裂甚至脱落等损伤现象，需要定期对原有漆层进行清洗并重新涂覆。

1995 年，德国的 Schweizer 等 [1] 采用 2 kW 的 TEA-CO_2 激光器成功完成了飞机机身的除漆工作，标志着激光清洗技术正式应用在航空航天领域。随后，美国爱迪生焊接研究所尝试采用激光清洗 F-16 战机，发现当激光功率为 1 kW 时，清洗体积速率可达 2.36 cm^3/min。从 2002 年起，在美国犹他州的希尔空军基地，F-16 战机复合材料雷达罩上的漆层已全部采用先进机器人激光涂层去除系统（advanced robotic laser coatings removal system，ARLCRS）进行清洗，如图 6 所示。2003 年，Hart[2] 研究了不同清洗技术对 F-16 战机平尾表面漆层清除的效果。结果表明，激光清洗技术可以有选择性地去除面漆而保留底漆，且除漆效率很高，基体材料温度也一直低于 80 ℃。Jasim 等 [3] 采用纳秒光纤激光器对铝合金基材上的聚合物漆层进行清洗，发现采用纳秒激光可以有效去除具有高透明度的漆层。Zhao 等 [4] 研究了在不同激光工艺参数（激光功率、扫描速度、扫描间距和脉冲频率等）下，LY12 铝合金基材上的聚丙烯酸酯漆层的清洗效果。结果表明，通过工艺参数的优化，采用激光清洗技术可以在保证铝合金基材不被损伤的条件下，实现漆层的高效清洗。

图 6　ARLCRS 用于 F-16 战机漆层的清洗

2. 飞机关键结构件预处理

（1）金属构件

钛合金、铝合金等材料以其轻质、高强等优点，被广泛应用于制造航空航天飞行器主体结构。然而与传统钢铁材料相比，在进行焊接时对钛合金与铝合金的表面质量均要求更高，否则焊接过程中极易出现气孔等缺陷。因而，在焊接之前有必要对焊接表面进行清洗处理。由于激光清洗效率高且可对焊接区域的氧化层等污染物进行定向去除，因而成为航空航天领域理想的金属构件焊前清洗方式。

Kumara 等[5]研究发现，激光清洗可有效减少钛合金钨极氩弧焊（TIG）、激光焊和电子束焊的气孔。清华大学陈俊宏等[6]研究了机械清洗（砂纸打磨）、酸洗和激光清洗等预处理方法对钛合金焊接的影响。结果表明，采用激光清洗去除钛合金表面氧化层的效果最佳，相同焊接条件下焊缝的质量最好（见图 7），可达到我国航天工程 I 级焊缝标准要求。笔者所在课题组[7-8]采用Nd: YAG纳秒激光器研究了Ni-Ti形状记忆合金（shape memory alloys, SMA）的激光清洗 - 抛光复合工艺，实现了合金表面污染物的高效、无损去除。同时，我们还采用 Nd: YAG 纳秒激光器对 5A06 铝合金表面进行清洗，并研究激光清洗预处理对铝合金 TIG 焊接质量的影响[9]。结果表明，经激光清洗后，铝合金表面的污染物和氧化层被有效去除；进行 TIG 焊接后，焊接区域的气孔缺陷问题得到解决。

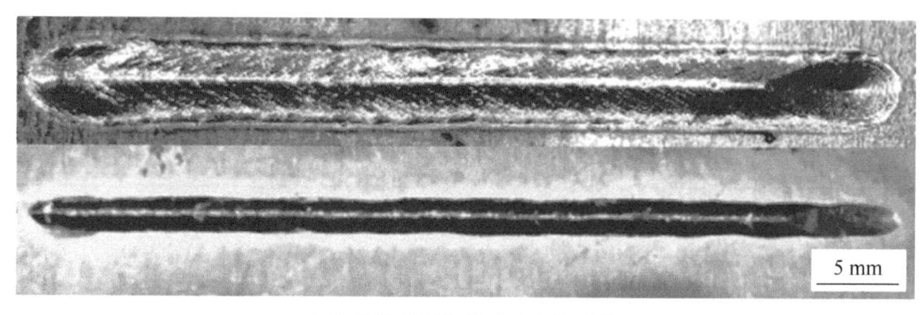

（a）焊缝正面和背面的成形质量

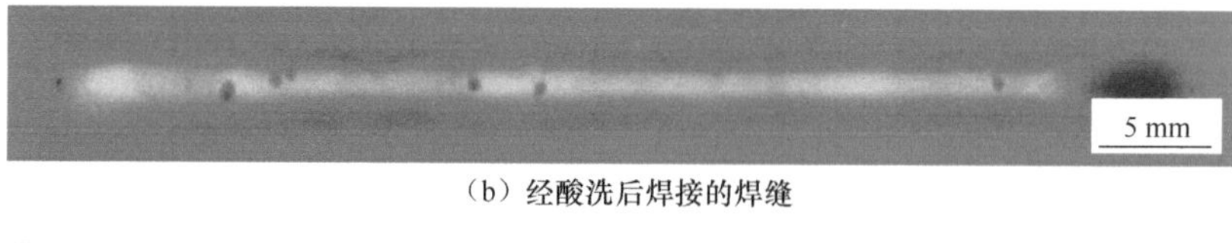

（b）经酸洗后焊接的焊缝

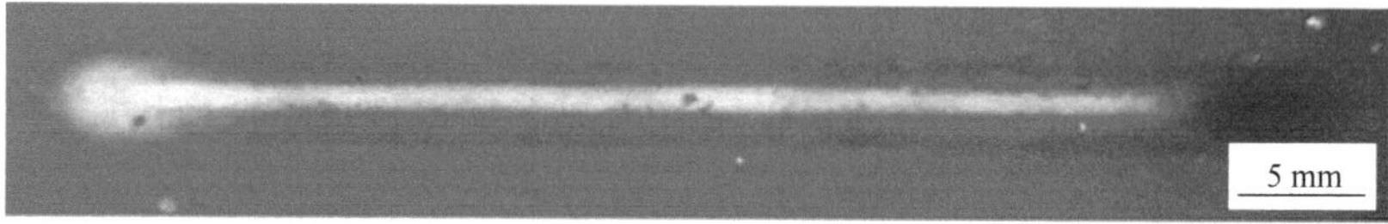

（c）经砂纸打磨后焊接的焊缝

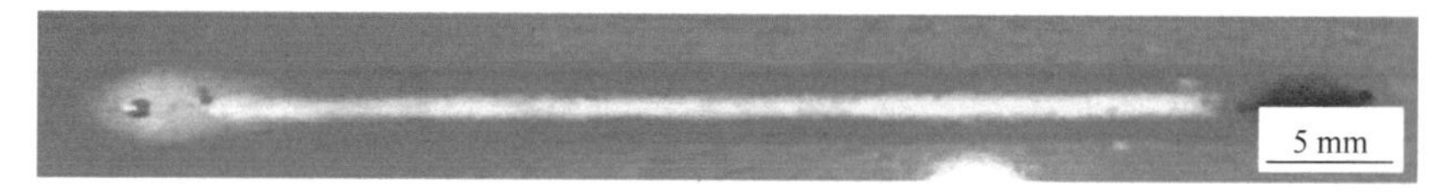

（d）经激光清洗后焊接的焊缝

图 7　经不同方法清洗后的焊缝表面成形质量（X 射线探伤照片）

（2）碳纤维增强基复合材料

碳纤维增强基复合材料（carbon fibre reinforced polymer，CFRP）的胶接工艺被广泛应用于制造各类航空结构件。为了保证胶接接头的强度和耐久性，必须对被粘材料进行清洗以获得清洁、高表面能的胶接表面。

Hong 等[10]分别采用 532 nm 和 1064 nm 波长的激光清洗未涂覆和漆层涂覆的 CFRP，发现采用激光清洗可以很好地保护 CFRP 基材，同时有效去除 CFRP 基材表面的漆层和污染物。Oliveira 等[11]采用 1024 nm 波长和 550 fs 脉宽的飞秒激光处理单向碳纤维增强基复合材料。结果表明，基于参数优化可选择性地去除环氧树脂漆层，使碳纤维暴露出来。同时，飞秒激光可在碳纤维表面诱导产生亚微米级的周期性表面结构，进一步提高胶接结构的强度。

3. 叶片再制造

添加热障涂层（thermal barrier coatings，TBCs）是提高航空发动机涡轮叶片耐高温性能的最有效途径之一，对于增加发动机推重比具有重要意义。然而，在极端环境下服役一段时间后，热障涂层不可避免地会发生脱落或失效。

目前，热障涂层主要由抗氧化能力较强的超合金黏结层和导热系数较低的氧化锆陶瓷表面组成，采用传统清洗方法很难将其快速去除，热障涂层的高效清洗一直是行业亟待解决的难题。2014 年，英国曼彻斯特大学的 Marimuthu 等[12]对激光清洗热障涂层过程进行试验和仿真模拟研究，结果表明采用激光清洗技术不仅可实现发动机叶片选定区域内涂层的精确、高效去除，而且对基体的损伤很小，如图 8 所示。

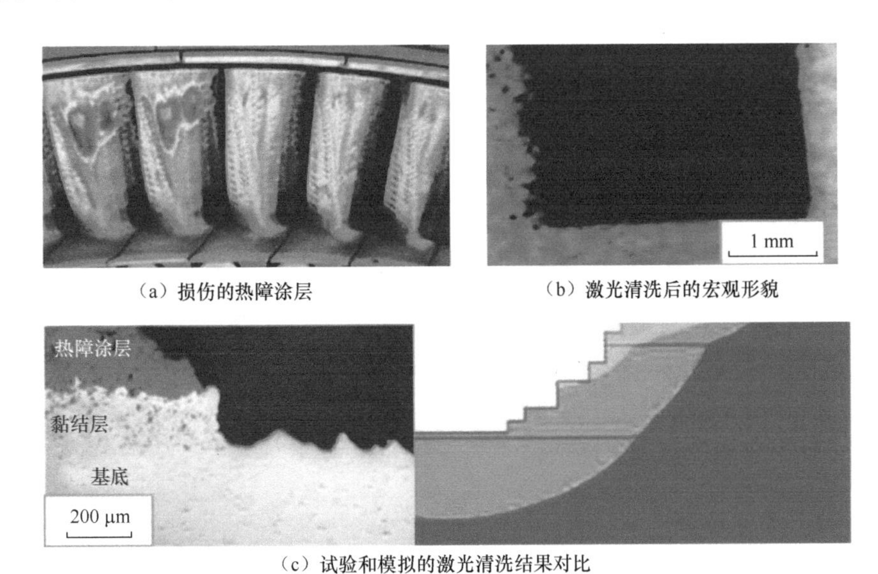

（a）损伤的热障涂层　（b）激光清洗后的宏观形貌

（c）试验和模拟的激光清洗结果对比

图 8　发动机叶片热障涂层的激光清洗

4. 新兴应用

（1）仪表表盘清洗

航空航天飞行器离不开高精度仪表，如陀螺仪和加速度计是惯性测量和制导系统中的基本测量器件，通过对飞行速度、角速度的测量和积分可获取飞行器的方位、姿态和轨道等重要信息。航空航天高精度仪表内部结构复杂、紧凑，机械加工和装配精度要求非常高，极微量的污染物就会对仪表的可靠性产生重大影响，严重时可能造成饱和输出异常、电动机卡死、参数漂移、精度超差等严重故障。利用激光清洗技术的非接触式特点，可有效实现高精度仪表的清洗，同时确保器件的装配精度。

（2）航空滤网精密清洗

在航空发动机内部连续工作一定时间之后，航空滤网容易被油脂和微小金属碎屑的混合物污染［见图 9（a）］，导致滤网堵塞，严重影响飞行器的航行安全。采用传统的清洗技术很难有效除去污染物，如采用超声波清洗技术，清洗后的滤网最多只能达到新滤网透过率的 60%［见图 9（b）］；而采用飞秒激光清洗技术，清洗后的滤网可达到新滤网透过率的 90% 以上［见图 9（c）］，极大提高了航空滤网的使用寿命和可靠性。

（a）清洗前

（b）超声波清洗

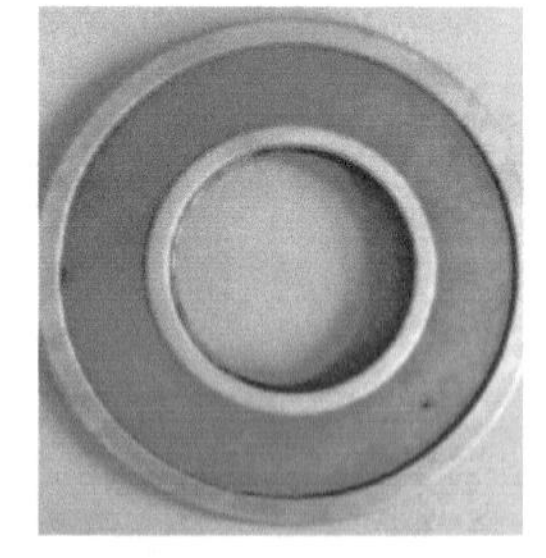

（c）飞秒激光清洗

图 9　经超声波清洗和飞秒激光清洗的航空滤网效果对比

（3）太空垃圾“清道夫”

据统计，在人类活动最频繁的近地轨道空间（轨道距离地球 200 ～ 2000

km），太空垃圾质量可达三千吨以上，各类碎片可高达 400 万个。这些太空垃圾以每秒数十千米的速度运转，成为危险的“漂游炸弹”，对大型航天飞行器及空间站危害极大。为此，美国国家航空航天局开发出可有效清除 800 km 轨道高度以下太空垃圾的激光清洗设备，其原理是利用太空望远镜上的中等功率激光器照射目标碎片使其气化，或利用碎片局部气化产生的射流推动碎片离开原本的轨道，并最终落入大气层。相信在不久的未来，激光可以成为一名合格的近地外太空垃圾“清道夫”。

激光清洗标准

随着激光清洗技术在航空航天领域的快速发展，其检验方法和技术规范也逐渐形成统一标准。2022 年伊始，中国宇航学会批准公布了两项航空航天领域的激光清洗标准:《运载火箭铝合金材料焊接前表面激光清洗检验方法》（T/YH 1024—2022）和《热控涂层激光精密成型试验方法》（T/YH 1025—2022）。这两项标准规定了激光清洗工艺的一般要求、工艺方法、工艺过程和检验评价方法等，自 2022 年 6 月 1 日起正式实施。在激光清洗技术装备领域国家标准缺失的现状下，该两项标准的发布有效填补了此领域的空白。同时，激光清洗的第一个国家标准《绿色制造——激光表面清洗技术规范》也已正式启动编制。国家和行业标准的建立，必将进一步推动激光清洗技术在航空航天领域的发展与应用。

结语

激光清洗技术，以其非接触、无材料限制、可选择性强、高效、绿色、环保等特点，开辟了激光技术应用的新世界，在航空、航天、航海、核电等国家重大需求领域及汽车、模具、信息、建筑、医疗等国计民生行业，具有广泛应用前景。在智能制造大环境下，以空天科技为代表的先进制造领域对激光清洗技术的需求日益迫切。我们有理由相信，激光清洗技术必将成为“21 世纪最具潜力的清洗技术之一”！

参考文献

[1] SCHWEIZER G, WERNER L. Industrial 2-kW TEA CO_2 laser for paint stripping of aircraft[C]// Gas Flow and Chemical Lasers: Tenth International Symposium. New York: SPIE, 1995(2502). DOI: 10.1117/12.204978.

[2] HART W G J. Paint stripping techniques for composite aircraft components[R]. Amsterdam: National Aerospace Laboratory(NLR), 2003.

[3] JASIM H A, DEMIR A G, PREVITALI B, et al. Process development and monitoring in stripping of a highly transparent polymeric paint with ns-pulsed fiber laser[J]. Optics & Laser Technology, 2017(93): 60-66.

[4] ZHAO H, QIAO Y, DU X, et al. Laser cleaning performance and mechanism in stripping of polycrylate resin paint[J]. Applied Physics A, 2020, 126(5): 360-374.

[5] KUMARA A, GUPTA M C. Surface preparation of Ti-3Al-2.5V alloy tubes for welding using a fiber laser[J]. Optics and Laser in Engineering, 2009, 47(11): 1259-1265.

[6] 陈俊宏, 温鹏, 常保华, 等. 钛合金激光清洗及其对激光焊接气孔的影响[J]. 中国机械工程, 2020, 31(4): 379-383.

[7] 宋杨, 王海鹏, 王强, 等. 激光精细表面制造工艺研究及应用: 清洗与抛光[J]. 航空制造技术, 2018, 61(20): 78-86.

[8] MA C P, GUAN Y C, ZHOU W. Laser surface processing of hot rolled Ni-45.0at.%Ti shape memory alloy[J]. Journal of Laser Micro Nanoengineering, 2017, 12(1): 6-9.

[9] WANG Q, GUAN Y C, CONG B Q, et al. Laser cleaning of commercial Al alloy surface for tungsten inert gas welding[J]. Journal of Laser Applications, 2017, 28(2). DOI: 10.2351/1.4943909.

[10] HONG S C, CHONG S Y, LEE J R, et al. Investigation of laser pulse fatigue effect on unpainted and painted CFRP structures[J]. Composites: Part B, 2014(58): 343-351.

[11] OLIVEIRA V, SHARMA S P, De MOURA M F S F, et al. Surface treatment of CFRP composites using femtosecond laser radiation[J]. Optics & Lasers in Engineering, 2017(94): 37-43.

[12] MARIMUTHU S, KAMARA A M, SEZER H K, et al. Numerical investigation on laser stripping of thermal barrier coating[J]. Computational Materials Science, 2014(88): 131-138.

王泉杰，北京航空航天大学合肥创新研究院特聘副研究员，博士。主要从事基于高分子材料的激光表面赋能研究及产学研转化工作。发表 SCI 一区期刊论文 1 篇，授权中国发明专利 4 项、美国发明专利 1 项。

管迎春，北京航空航天大学机械工程及自动化学院教授、博士生导师，海外高层次人才引进计划青年专家，大型金属构件增材制造国家工程实验室核心成员，专注跨尺度激光精密制造装备和工艺研发十余年。

金属增材制造技术

北京航空航天大学前沿科学技术创新研究院

朱言言

金属增材制造（3D 打印）技术，是增材制造领域中基础科学问题最多、技术挑战最大的技术方向之一，对航空航天领域重大装备制造技术有重要影响，在未来智能制造发展中起着举足轻重的作用。金属增材制造技术水平已经成为衡量一个国家先进制造业技术水平先进性的标志之一。那么金属增材制造技术的原理是什么？有哪些基础科学问题和技术问题需要解决？未来的新技术发展方向在哪里？下面就带领大家进入金属增材制造技术的神奇世界。

金属增材制造技术的原理及分类

增材制造（additive manufacturing，AM）是指基于离散—堆积的核心思想，以粉末、丝材等为原材料，以黏结、烧结、光固化、熔化等为手段，由计算机控制按照 CAD 实体模型进行材料的逐层添加堆积，直接由三维模型一步完成三维实体构件的数字化、无模、快速生长制造（见图 1）。近年来增材制造技术在国际上备受关注，被誉为引领第三次工业革命的关键要素之一。2013 年，麦肯锡发布的《展望 2025：决定未来经济的十二大颠覆技术》将 3D 打印技术列于其中，如图 2 所示；美国《时代》周刊将增材制造列为“美国十大增长最快的工业”；英国《经济学人》杂志认为增材制造将“与其他数字化生产模式一起，推动实现第三次工业革命”，认为该技术将改变未来的生产与生活模式，实现社会化制造。目前，增材制造技术的研究发展主要可分为三大分支方向：非金属模型及零件增材制造、生物组织及器官增材制造和金属增材制造。其中，金属增材制造技术被公认为是最前沿、技术难度最大的先进制造技术，是对一个国家的制造业水平、尤其是航空航天等先进国防重大装备制造领域的工业水平具有显著影响的关键技术[1-4]。

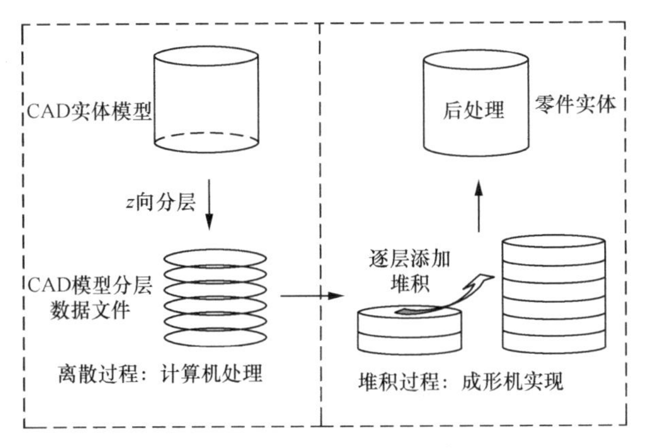

图 1　增材制造典型工艺流程

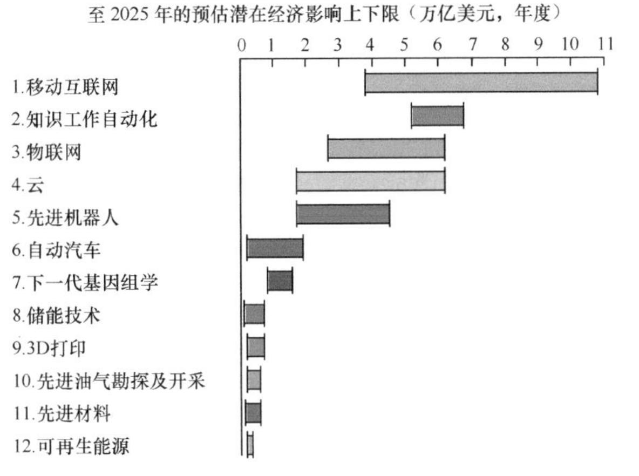

图 2　麦肯锡发布的《展望 2025：决定未来经济的 12 大颠覆技术》引图

金属增材制造技术采用高能束（激光、电弧、电子束等）对金属粉末或丝材等原材料进行逐点—逐线—逐层熔化 / 凝固堆积，使零件数字模型在计算机控制下一步完成全致密、高性能金属结构件的近净成形制造。金属增材制造系统通常包括高能束、原材料输送、惰性密封、多轴联动数控机床、在线检测与监控等系统。根据原材料的种类和输送方式及高能束源的种类不同，金属增材制造技术主要分为两大类，如图 3 所示。第一大类是粉床选区熔化增材制造技术，其中采用激光为高能束的称为选区激光熔化（selective laser melting，SLM），采用电子束作为高能束的称为选区电子束熔化（selective electron beam melting，SEBM）。选区电子束熔化相较于选区激光熔化主要有两方面的优势：一是真空环境可实现活性合金的成分精确控制；二是强大的预热功能可实现 TiAl 等脆性金属构件的无开裂制造 [5-6]。采用粉床选区熔化增材制造技术时，粉末被逐层铺在粉床上（一般粒度为 0 ~ 75 μm），激光或电子束在计算机控制下将零件所在区域熔化凝固，其余未扫描部分仍为粉末。该技术可以实现不需要后续精加工而直接服役使用，这对于航空航天和医疗器械领域一些复杂精密结构件制造具有重要意义，如点阵结构、薄壁结构。该技术成形精度高，但成形效率偏低，一般单光束成形效率仅 100 g/h 左右。受到设备尺寸和成形工艺的制约，该技术主要适用于中小型复杂形状金属构件的制造。

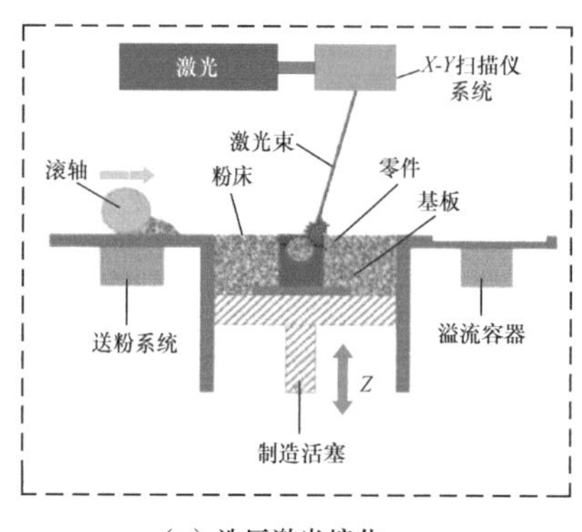

（a）选区激光熔化

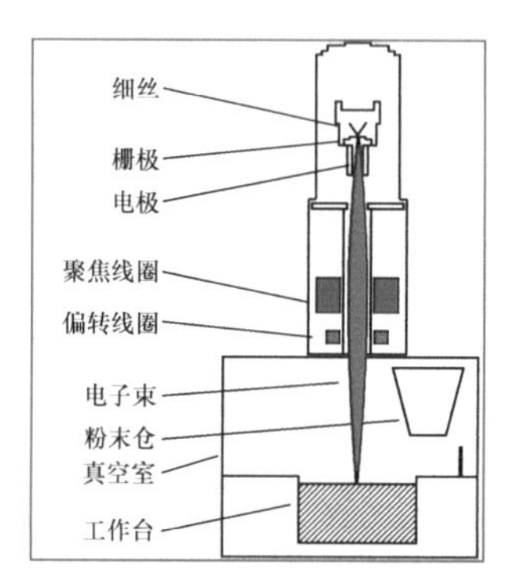

（b）选区电子束熔化

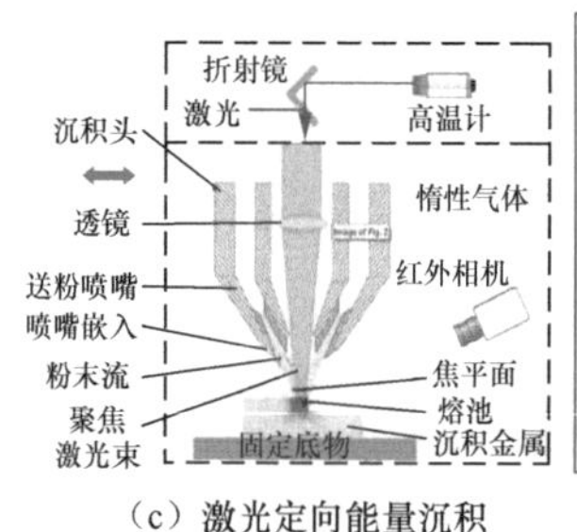

（c）激光定向能量沉积

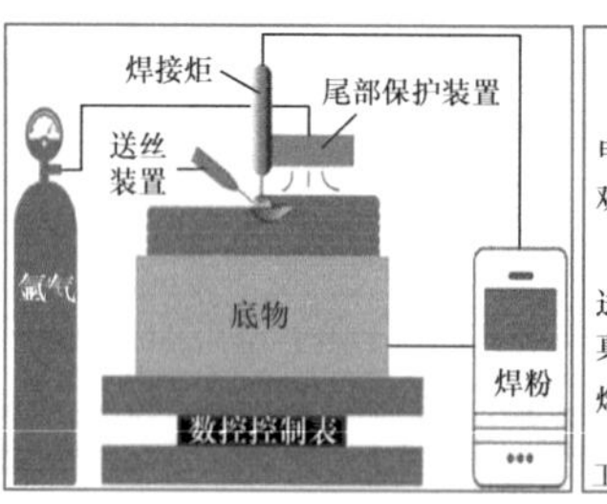

（d）电弧定向能量沉积

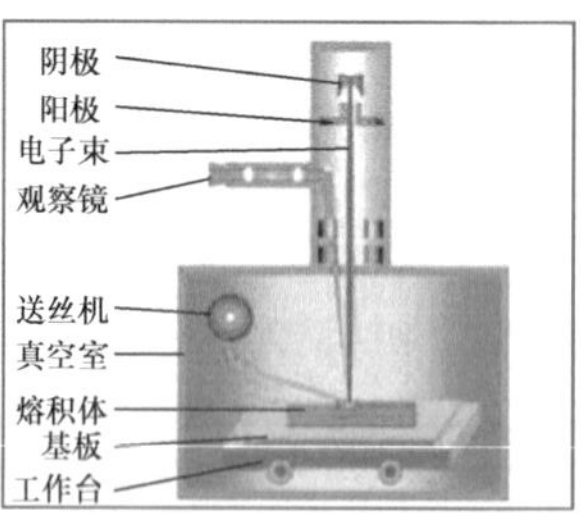

（e）电子束定向能量沉积 [7-8]

图 3　各类金属增材制造技术原理

第二大类是定向能量沉积增材制造技术，该技术根据高能束类型的不同可分为 3 小类：激光定向能量沉积（direct energy deposition-laser,

DED-L）、电弧定向能量沉积（direct energy deposition-arc，DED-A）和电子束定向能量沉积（Direct energy deposition-electron beam，DED-EB）。其中激光定向能量沉积也称同步送粉激光增材制造技术，目前研究最为成熟，应用也最广泛。该技术一般采用球形金属粉末作为原材料（一般粒度为 50 ～ 250 μm），通过惰性气体同步输送到激光在构件表面形成的高温熔池中熔化凝固。粉末可采用侧向送粉和光内同轴送粉的方式。电弧定向能量沉积也称为电弧熔丝增材制造技术，采用金属丝材作为原材料（一般直径为 0.8 ～ 1.6 mm），通过送丝结构同步输送到成形构件表面熔化沉积。根据电弧的种类，该技术可细分为惰性气体保护焊（MIG）技术、钨极气体保护焊（TIG）技术和 PA 增材制造技术等。电子束定向能量沉积目前的研究相对较少，因为其设备复杂、成本高，且热输入大导致成形零件的力学性能一般较低[4]。

定向能量沉积增材制造技术的成形效率显著高于粉床选区熔化增材制造技术。以钛合金为例，激光定向能量沉积和电弧定向能量沉积增材制造的成形效率分别可达 1 ～ 5 kg/h 和 1 ～ 10 kg/h，成形能力受设备限制较小，因此非常适用于制造大型 / 超大型复杂整体金属构件。电弧定向能量沉积增材制造设备简单、成本很低，但其热输入会导致成形零件的组织粗大且性能较低，迄今难以用于制造承力的关键金属构件，而激光定向能量沉积增材制造具有快速凝固组织细小、力学性能优异、成形精度适中的突出优势，因此在大型复杂整体金属构件增材制造领域的研究和工程应用更为成熟[9-10]。

金属增材制造技术是一种将高性能材料制备与复杂金属零件近净成形有机融为一体的的数字化、绿色、变革性先进制造新技术，与锻压＋机械加工、锻造＋焊接等传统大型金属构件制造技术相比具有以下突出特点：① 无需大型锻造装备、大型锻压模具，材料利用率高，加工时间短、成本低、周期短；② 理论上可制造任意复杂形状和尺寸的金属零件，成形构件无壁厚效应、无位置效应，构件性能不受形状尺寸限制；③ 成形零件具有无宏观偏析、成分均匀、组织致密的快速凝固非平衡组织，综合力学性能良好；④ 零件可反复“无热损伤修复”；⑤ 可实现高性能非平衡材料、高活性难溶难加工材料、高性能梯度材料、新型金属合金材料的制备和结构制造。此外，金属增材制造技术具有的逐层二维熔化堆积功能可实现任意高性能复杂三维结构的制造，突破了传统制造技术对结构尺寸和复杂程度的限制，为点阵结构、创新拓扑优化结构、大型整体化结构、复杂整体化结构等高性能轻量化结构的设计提供了变革性技术途径。

由于上述优势，金属增材制造技术在未来航空、航天、核电、石化、船舶等高端重大装备制造领域中的发展潜力巨大，发展前景广阔。近 20 年来，该技术已成为国际材料加工工程与先进制造技术学科交叉领域的前沿热点研究方向之一，代表着高性能大型金属构件先进制造技术的发展方向，是增材制造技术国际战略竞争的制高点，在世界范围内受到政府、工业界和学术界的高度关注。

金属激光增材制造的科学问题与关键技术

综合国内外有关高性能大型金属构件激光增材制造技术的研究结果可知，能否稳定地增材制造出高性能 / 高质量并获得工业领域认可的大型金属构件，取决于内应力控制、内部缺陷控制、凝固组织控制、热处理固态相变行为和组织性能优化、成套装备研发、技术标准制定等关键技术的突破，这也是决定高性能大型金属构件激光增材制造技术优势能否得以充分发挥并走向工程应用的关键。

1. 内应力控制

在金属构件激光增材制造过程中，构件承受着周期性的急剧加热 / 快速冷却，不可避免会产生巨大的热应力、组织应力和凝固收缩应力，因而构件尺寸越大、增材制造过程因温度变化导致的尺寸变化越大、在构件中产生的内应力越高，构件变形和开裂现象越严重。事实上，构件变形和开裂成为该技术自1989年诞生以来一直制约大型钛合金等金属构件增材制造技术发展的第一大瓶颈。正因为如此，目前国际上绝大多数研究机构主要针对小型金属构件开展研究。北京航空航天大学研究团队在针对大型钛合金等金属构件激光增材制造的长期研究过程中，经历了变形翘曲、严重开裂等试验阶段，通过理论分析、数值模拟、试验验证，发明了层内微分/孤立沉积、横向自由、基材多点离散等系列金属激光增材制造新工艺。团队提出的大型金属构件激光增材制造变形开裂预防控制理论、工艺准则等已得到初步工程应用检验，可稳定研制和生产出外廓尺寸约3650 mm × 1400 mm × 120 mm（最大外廓面积大于5 m^2）的飞机钛合金整体加强框、尺寸达1500 mm × 800 mm × 500 mm（最大外廓体积为0.72 m^3）的飞机三向悬空复杂结构翼身整体根肋等迄今世界上尺寸最大、结构最复杂的激光增材制造钛合金构件，最大投影面积超过目前国际最大样件数倍，如图4所示。

图4　北京航空航天大学生产的飞机钛合金大型整体主承力结构

2. 内部缺陷控制

在高功率激光束长期循环往复逐点扫描熔化—逐线扫描搭接—逐层凝固堆积的大型金属构件激光增材制造过程中，受粉末状态、成形工艺参数、保护气氛、熔池熔体状态的波动和变化、扫描填充轨迹的变换等因素影响，构件内部沉积层与沉积层之间、沉积道与沉积道之间、单一沉积层内部等局部区域都可能产生各种特殊的内部冶金缺陷，如气孔、未熔合、夹杂物、微裂纹等（见图5），最终成形零件的内部质量、力学性能和构件的服役使用安全等也会受影响。四种冶金缺陷的形成过程如图 6 所示。

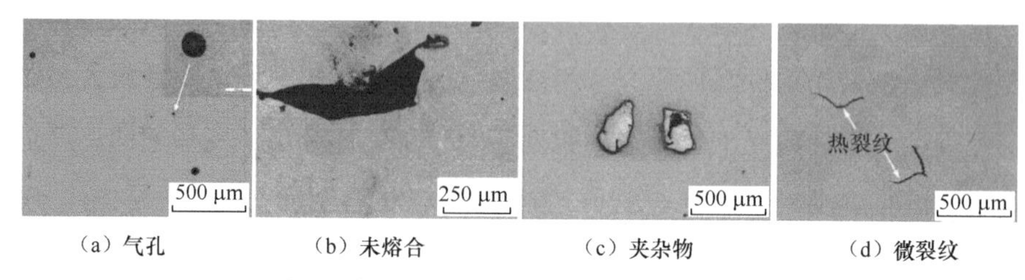

图 5　激光增材制造的金属构件内部冶金缺陷金相照片

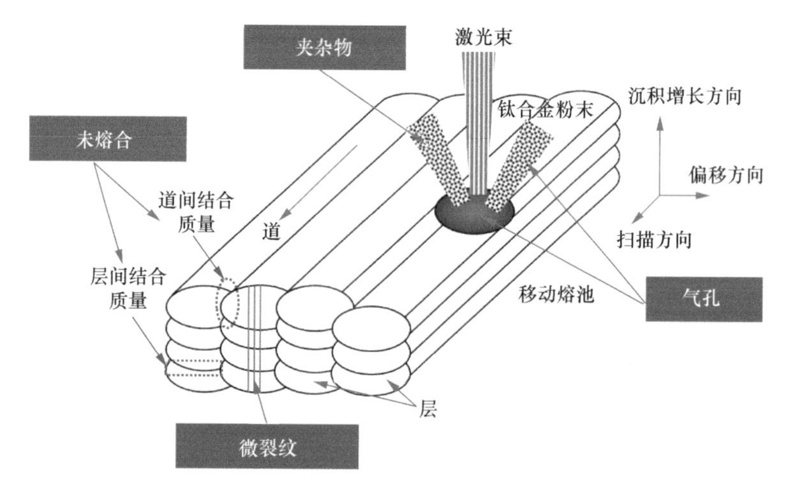

图 6　激光增材制造的金属构件内部冶金缺陷形成过程

激光增材制造移动熔池在非平衡快速凝固过程中会有气体来不及溢出，从而形成气孔缺隙。此外，随着熔池的冷却温度降低，气体溶解度的减小也增加了气体残留的可能。未熔合冶金缺陷的形成过程较为简单，与焊接熔合不良缺陷的形成十分相似，在激光增材制造的逐点—逐道—逐层扫描过程中，前一沉积层表面经常出现凸起、黏结粉末、熔体卷边等特征，高温移动熔池未能将前一沉积层或相邻沉积道充分重熔而形成了局部熔合不良，正因如此，未熔合缺陷经常呈现出连续分布特征。夹杂物缺陷一般是由于金属粉末原材料或外部环境污染熔池等因素导致高熔点难熔的合金元素或氧化物颗粒进入熔池中无法熔化形成的。通过严格控制粉末质量和成形环境可以完全消除夹杂物缺陷。微裂纹缺陷是在激光增材制造的快速凝固过程中，最后凝固的糊状区在凝固收缩应力和热应力作用下被拉开凝固的凝固裂纹 / 热裂纹。因此合金的化学成分对激光增材制造的金属构件微裂纹影响很大，高强铝合金、镍基高温合金等合金化程度高、凝固温度区间大的合金形成微裂纹缺隙的倾向较大。

3. 凝固组织控制

在钛合金构件激光增材制造过程中，移动熔池独特的超高温、强对流、短时、微区超常冶金条件及其超高温度梯度、极快冷却速度非平衡快速凝固条件会导致熔池凝固热力学和动力学过程非常复杂，同时复杂的逐层沉积过程和增材制造成形工艺条件也会对大型钛合金构件的晶粒形态及其演化过程产生显著影响[11-12]。如图 7 所示，在钛合金构件激光增材制造过程中移动熔池内主要存在两种晶粒形核长大机制：一种是熔池底部基体 / 已沉积层晶粒直接外延生长形成粗大的柱状晶组织，另一种是熔池内部和表面由于未熔粉末等作用异质形核长大形成的等轴晶组织。[13] 研究人员以此为基础揭示出钛合金构件激光增材制造成形工艺参数对熔池凝固行为和构件晶粒形态的影响规律，建立了激光增材制造钛合金构件凝固晶粒形态（等轴晶组织、柱状晶组织、柱状晶 - 等轴晶混合组织）的主动控制方法，制备出不同部位具有不同晶粒组织的高性能梯度组织构件，如图 8 所示。

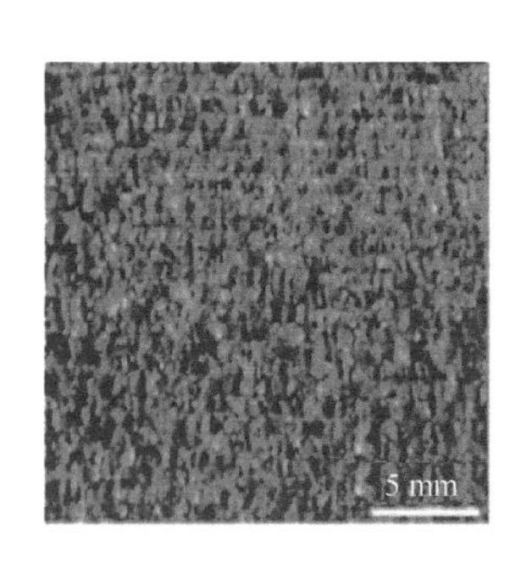

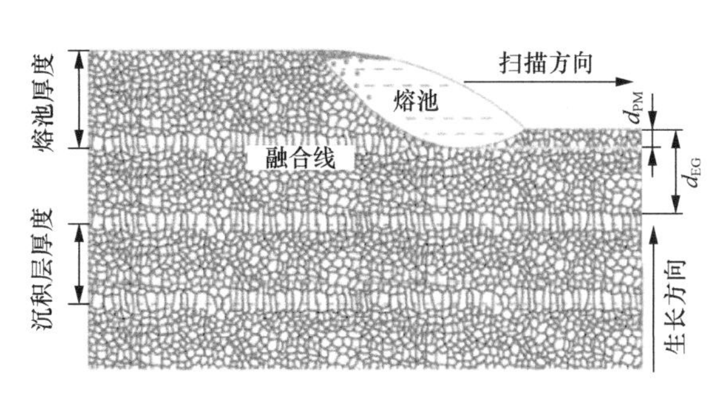

（a）等轴晶组织

图 7　不同增材制造工艺参数下激光增材 TC11 钛合金构件的原始 β 晶粒形貌

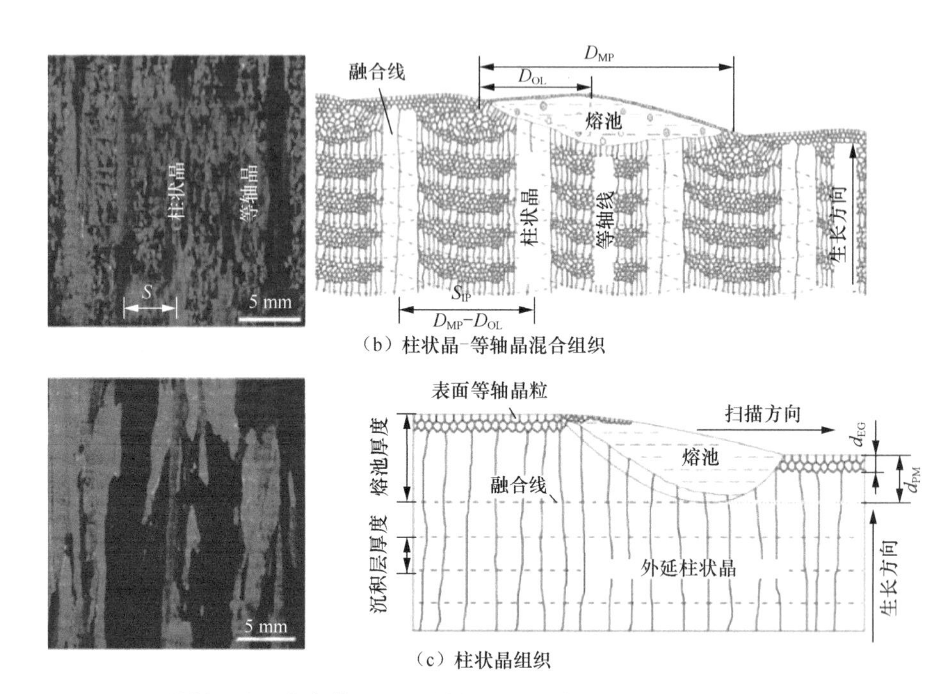

（b）柱状晶-等轴晶混合组织

（c）柱状晶组织

图 7　不同增材制造工艺参数下激光增材 TC11 钛合金构件的原始 β 晶粒形貌（续）

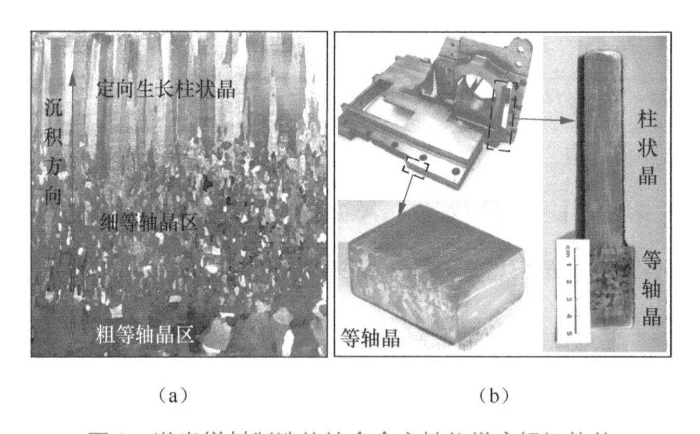

（a）　　（b）

图 8　激光增材制造的钛合金高性能梯度组织构件

4. 热处理固态相变行为和组织性能优化

由于激光增材制造出的钛合金构件的组织与传统锻件 / 铸件组织明显不同，其在后续热处理过程中的固态相变行为和最优热处理工艺也会有显著差异，因此研究激光增材制造的钛合金构件后续热处理固态相变行为和组织性能演变规律，是实现钛合金构件组织和力学性能优化的主动控制的基础。

例如，针对激光增材制造近 β 型高强钛合金（TC18 等）系统开展的后续热处理研究发现：采用与锻件相同的标准热处理工艺无法消除连续晶界 α 相，且晶界附近会形成强度较低的晶界无析出区（PFZ），而采用近 β 相区亚临界热处理或 β 单相区颗粒化预处理等激光增材制造专用热处理工艺可以使得连续晶界 α 相明显断续等轴化，显著减缓了裂纹过早地在原始 β 晶界处形核扩展，拉伸试样断口由沿晶断裂转变成穿晶断裂模式，其塑性和韧性明显提高，超过技术标准要求[14]，如图 9 所示。

材料状态	Rm/MPa	Rp0.2/MPa	A/%	Z/%
沉积态	1178±20	1147±15	5±0.8	9.8±1.7
标准热处理态	1120±25	1069±25	7.8±0.6	15.3±1.7
亚临界热处理态	1135±7	1036±15	10.7±1.2	26.3±0.5
技术标准	1080～1280	≥1010	≥8	≥20

（a）不同状态拉伸性能

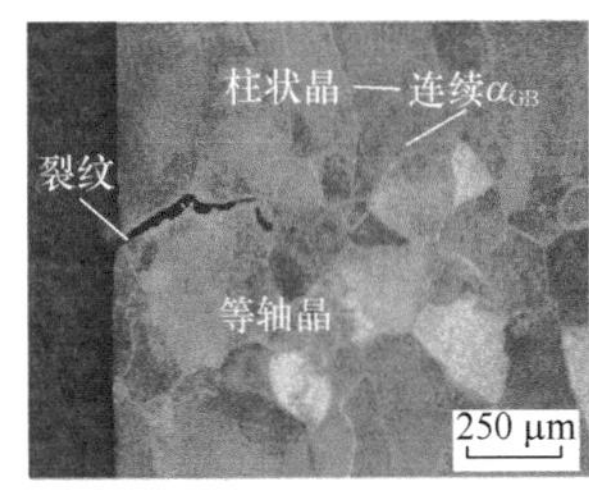

（b）沉积态

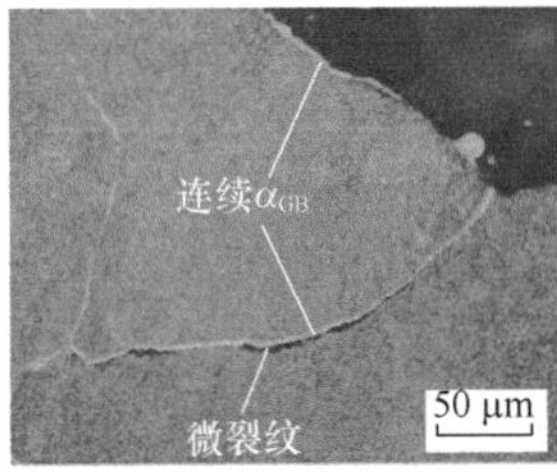

（c）标准热处理态

（d）亚临界热处理态

图 9　激光增材制造近 β 型 TC18 钛合金各种状态的显微组织[15]

5. 成套装备研发

钛合金等金属的化学活性很高，熔化沉积条件要求苛刻，构件激光增材制造必须在无氧无氮的高纯惰性气氛或真空条件下进行，传统激光增材制造设备的机械运动系统等主要装置位于成形腔中（简称内置型系统），结构复杂、体积庞大、造价高、效率低、控制难，特别是由于钛合金熔化沉积增材制造过程复杂、时间长、过程中断及开箱处置不可避免，导致采用传统内置型设备难以满足大型钛合金等构件激光增材制造控制过程的要求。例如，美国的 AeroMet 公司动密封激光增材制造设备，最大制造能力达 3 m × 3 m × 1.2 m，但造价高达 1950 万美元、气氛难以保证。

北京航空航天大学研究团队针对钛合金等大型金属构件激光增材制造装备效率及工艺过程控制问题，提出了外置型成套设备系统新原理，发明了大型可控气氛成形腔空气高效抽排新方法和柔性密封新原理及其系列新装置，经十余年共 7 型装备的研发和工程应用考核，研制出了具有结构简单、运行高效、控制稳定、制造及运行成本低廉等突出优点的系列化激光增材制造工程化成套装备（见图 10）。该装备在飞机、卫星、火箭等钛合金、超高强度钢构件研制生产过程中经受实际应用考验，熔化沉积效率达 1 ～ 3 kg/h、气氛氧含量稳定控制在小于 80 ppm，目前制造的最大构件尺寸达 7 m × 3.5 m × 3 m。

图 10　北京航空航天大学自主研发第 7 代大型金属激光增材制造工程化成套装备

6. 技术标准制定

技术标准是新技术走向工程应用的通行证和核心知识产权，国际上的大型金属构件激光增材制造技术标准只有 2002 年美国汽车工程师协会发布的宇航材料规范 AMS 4999《退火 Ti-6Al-4V 钛合金激光沉积产品》，以及与该标准配套的宇航材料规范 AMS 4998《Ti-6Al-4V 钛合金粉末》。2011 年，AMS 4999 被 AMS 4999A 代替，新版标准的名称更改为《退火 Ti-6Al-4V 钛合金直接沉积产品》，扩大了工艺种类，补充了新的技术要求，完善了质量保证要求等技术内容。近年来，美国材料与试验协会（American society for testing and materials，ASTM）和国际标准化组织分别成立了专门的增材制造技术委员会 ASTM F-42 和 ISO TC 261，但主要面向小型精密金属铺粉式（粉床）选区熔化和快速原型制造技术，而大型金属激光增材制造技术标准由于委员会对相应研究工作的放弃而无法实施。北京航空航天大学与国内飞机设计院所及制造企业产学研结合，在突破激光增材制造飞机钛合金大型整体主承力结构件应用关键技术的过程中，在世界上首次建立起钛合金等大型高性能金属构件激光增材制造技术标准体系。该体系涵盖从粉末原材料、基材、激光增材制造工艺到后续热处理工艺、无损检测方法、产品技术规范等 11 项通用标准，作为企业标准，已保障 100 余件大型钛合金激光增材制造主承力部件在飞机、火箭、卫星等工程上应用。其中，我国首套金属激光增材制造领域的 5 项航空行业标准，由国家国防科技工业局于 2018 年发布实施（见表 1）。

表 1　金属激光增材制造航空行业标准

序号	标准号	标准中文名称
1	HB 20452-2018	航空钛合金零件激光直接沉积增材制造　制件规范
2	HB 20451-2018	航空钛合金零件激光直接沉积增材制造　粉末规范
3	HB 20453-2018	航空钛合金零件激光直接沉积增材制造　基材规范
4	HB/Z 20065-2018	航空钛合金零件激光直接沉积增材制造　工艺规范
5	HB/Z 20066-2018	航空钛合金零件激光直接沉积增材制造　热处理规范

金属增材制造的新技术发展

传统的金属增材制造技术经过近 30 年的发展，在成套装备、原材料、成形工艺、后处理工艺和技术标准等工程应用全流程都取得了一系列突出的研究进展，技术成熟度大幅度提高，增材制造金属构件在航空航天等先进装备制造领域得到了越来越多的工程应用。同时，作为一种先进制造技术，金属增材制造技术在研究和应用中也不可避免地暴露出一系列技术和应用难题，在一定程度上限制了该技术的进一步广泛应用。为此，国内外学者和研究机构开展了以下金属增材制造新技术研究。

1. 在线监控与智能反馈技术

金属增材制造过程是一个复杂的化学、物理和材料冶金过程，其成形工艺决定了成形构件的质量可靠性和可重复性控制难度极大。因此，国内外学者近年来一直把在线监控和智能反馈技术作为研究热点。首先要做到在线实时监测，即通过安装在设备中的合适传感器，如高速照相机、热成像相机、光电探测器等，实时监测并捕获增材制造过程中的各种声信号、光信号、热信号等物理化学信息，如熔池温度场和几何尺寸、熔池形状（表面形貌和轮廓）、液态熔池的反射信号等。随后通过各种方法对采集的数据进行数据分析处理，结合先进的机器学习、人工智能、大数据等技术，获得有用的信息，并与预设值进行对比，利用算法进行智能判断和反馈控制工艺参数，从而实现对宏微观缺陷的评定和位置定位，并进行部分缺陷的在线修复处理，实现闭环控制，保证成形工艺的稳定运行和制件的成形质量[16-17]，如图 11 所示。

2. 融合传统制造技术与增材制造技术的复合制造技术

金属增材制造技术以突出的优势在航空航天等领域已获典型工程应用，但仍存在难以兼顾效率和成本的瓶颈问题。在锻件、铸件、机加工等传统制造结构件上增材制造局部精细结构的复合制造技术，可充分发挥增材制造技术高性能、精细化、柔性化的特点和传统制造技术在制造规则构件方面的成本、效率优势，对提升我国高端装备制造技术水平具有重要意义，应用前景广阔。如图 12 所示，复合制造技术显著降低了锻造坯料尺寸和制造难度，并避免了大体积量增材导致的低效率和变形开裂风险，从而为实现高效率、低成本制造大型复杂整体钛合金构件提供了一条重要途径。

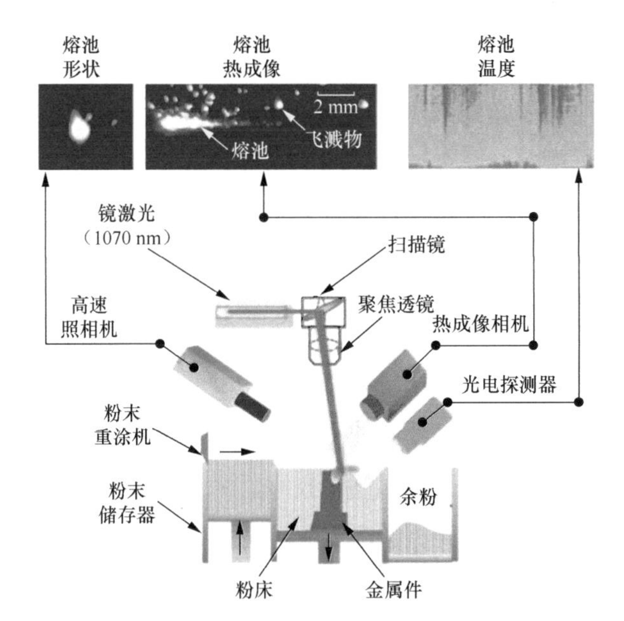

图 11　增材制造在线监控与智能反馈

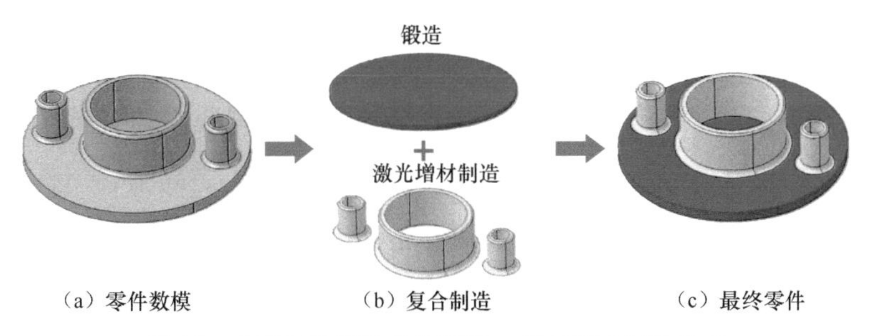

（a）零件数模　　（b）复合制造　　（c）最终零件

图 12　大型复杂整体构件锻造 + 增材复合制造技术

在传统制造结构件上增材制造局部精细结构的核心问题是如何实现基体与增材的良好匹配。要解决这一问题就必须厘清“基体—增材—后处理—考核评价”全流程技术体系，突破以下关键技术：① 复合制造结合区组织与性能的匹配调控；② 复合制造应力与变形开裂的控制；③ 复合制造构件结构的匹配设计与综合评价。

3. 外场辅助金属增材制造技术

在金属增材制造过程中，移动熔池的超快冷却速率和超高温度梯度的非平衡凝固会导致成形金属构件中形成外延生长的粗大柱状晶组织（例如钛合金丝材的增材制造组织往往呈现粗大柱状晶特征）。这些柱状晶组织会在一定程度上导致成形金属构件的力学性能各向异性以及塑韧性、损伤容限和疲劳性能较低，优化增材制造本身的工艺参数也难以减小或消除柱状晶组织。如果外加大功率超声能场等外场来辅助金属增材制造技术，那么超声波在理论上能够在增材制造高温金属熔池的凝固过程对熔池产生剧烈搅动和对流作用，从而改变熔池的温度场分布及液固界面形态，增加熔池内的异质形核率，促进等轴晶的形成。为此，国内外学者和机构开发了多种超声波能场来辅助金属增材制造技术。采用超声能场辅助之后，激光增材制造钛合金的晶粒尺寸显著降低[18]，如图 13 所示。

4. 高性能梯度结构增材制造技术

随着航空航天技术的飞速发展，先进装备中的金属构件性能要求也越来越高，而且随着构件结构日益整体化，构件的不同部位往往需要具备不同的性能（如强度、耐高温等），采用传统均质材料或单一材料已难以满足高性能构件在复杂极限环境（超强承载、长寿命、超高温、超高压、强腐蚀等）中的服役要求。根据构件服役环境及性能要求设计具有梯度成分、组织及性能的高性能 / 超性能梯度材料构件，可充分结合和发挥不同材料的性能优势，取长补短，获得超常优异的综合使用性能，显著提升结构效能。金属增材制造技术具备柔性化的技术特点，是实现高性能梯度材料金属构件制造最具优势的技术之一，如图 14 所示。要实现高性能梯度材料金属构件增材制造技术的突破，需要弄清以下内容：① 增材制造高性能梯度材料金属构件的结构设计方法；② 增材制造工艺与梯度组织的形成机理；③ 增材制造梯度材料金属构件固态相变热力学与动力学行为及热处理组织性能调控；④ 梯度材料力学行为与质量检测及性能评价方法[19]。

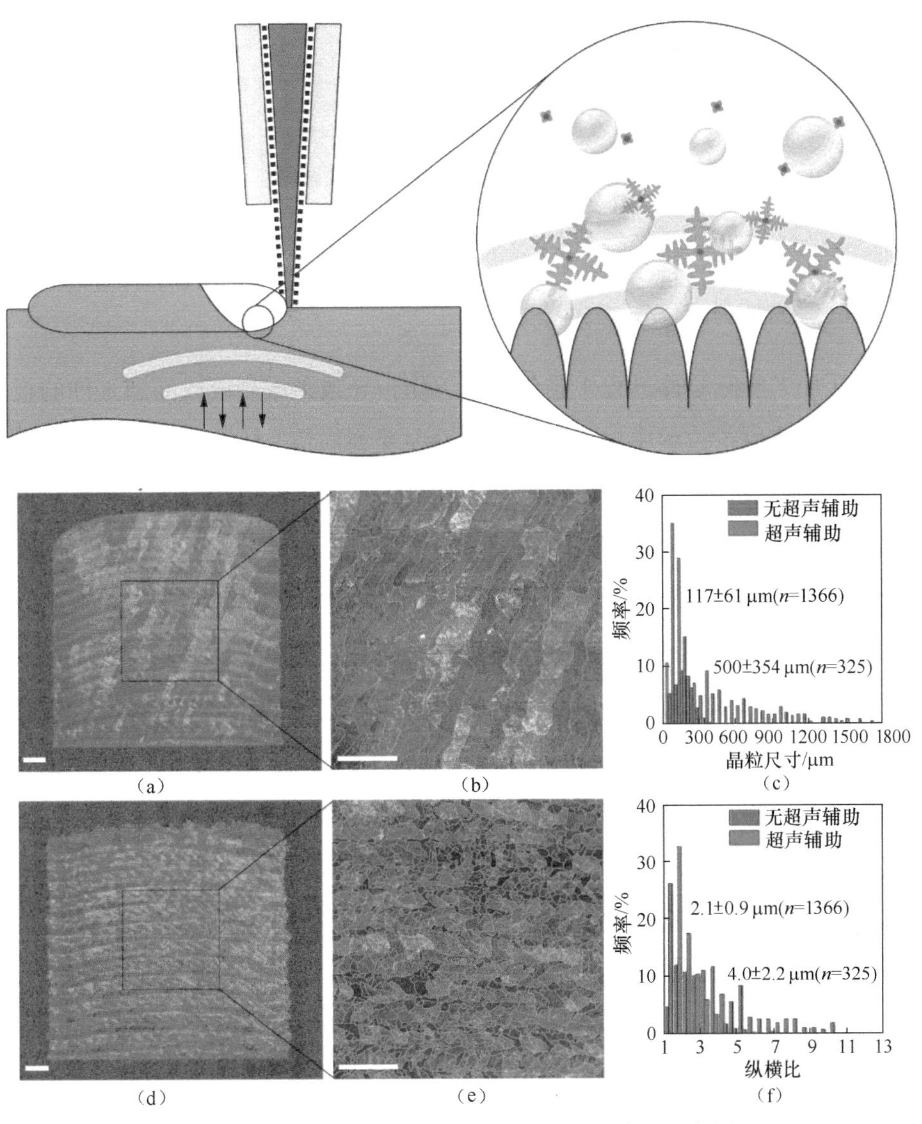

图 13　超声能场辅助金属激光增材制造示意图及实例

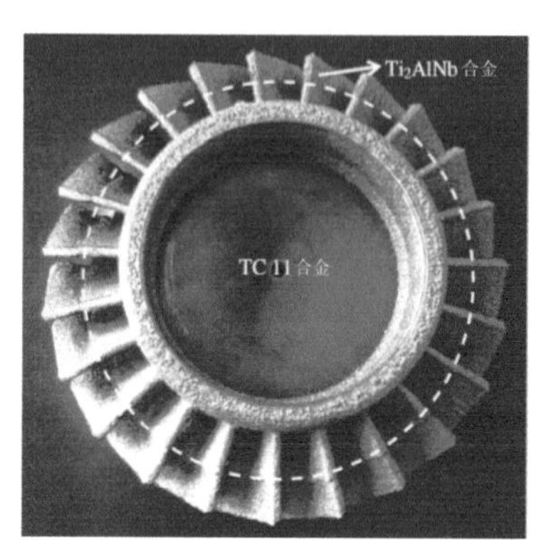

图 14　激光增材制造 TC11/Ti_2AlNb 梯度材料整体叶盘

5. 激光增材修复技术

在加工实际零件过程中难免出现刀伤，导致半成品或成品加工件的报废，零件在服役过程中也可能由于某原因受到损伤。相对于常规的熔化极氩弧焊等修复技术，激光增材修复过程由于热输入和热影响小，从而对基体性能损伤小、冷却速率快、修复体性能优异、设备可达性好、受零件尺寸限制小、修复周期短、综合成本低，所以该技术非常适用于钛合金、高温合金、高强钢等昂贵金属零件的修复。同时，激光增材修复设备还可以被改造升级为移动式外场修复设备，对于能源化工、重载机械、航空航天等高端装备的快速现场维修具有重要意义。例如，航空航天零件结构复杂、成本高昂，一旦出现瑕疵或缺损，只能整体换掉，造成数十万、上百万元损失。而通过激光增材修复设备，可以用同一材料将缺损部位修补成完整形状（见图 15），修复后零件的性能不受影响，大大延长了装备使用寿命，降低了维护成本，减少了停机时间。

6. 增材制造专用材料技术

经过近 30 年的发展，虽然金属增材制造技术在航空航天等领域已获得越来越多的工程应用，但是其可用的金属材料种类却非常少，在目前已有的5000多种金属材料中，真正实现应用的仅约20种，专用材料的稀缺已成为限制金属增材制造技术发展的瓶颈。例如，高温合金中仅GH4169、GH3536等极少数合金获得应用，且大多数高温合金增材制造过程中都会出现严重的热裂纹；钛合金中仅TC4、TA15、TC11等少数近α型和$\alpha+\beta$型合金获得应用，近β型高强钛合金的组织性能难以达到锻件水平；铝合金中仅低强度的铸造铝合金适用，而高强铝合金增材制造过程中的开裂问题一直无法通过优化工艺参数解决。

图15　某型发动机壳体激光增材修复

因此，针对金属增材制造技术的工艺特点和冶金特点，开发出增材制造专用的高性能新型合金材料，正逐渐成为国内外学者的研究热点，也将对未来高性能金属材料技术产生变革性影响。例如，2017年，Martin等在《自然》上发文提出，传统的7系高强铝合金不适用于金属增材制造，这是因为在金属增材制造过程中凝固组织呈现定向树枝晶生长，溶质易在界面附近偏析形成较长的液相通道，在凝固温度降低时液相凝固收缩会产生孔隙和裂纹而导致合金报废。Martin等通过重新优化合金成分，引入纳米锆粒子作为成核剂，在激光熔池中形成Al_3Zr异质形核剂，促进了等轴树枝晶的形成，从而降低了凝固收缩应力的影响，获得了具有细等轴晶组织、无裂纹的高强铝合金构件（见图16），抗拉强度达到383～417 MPa[20]。

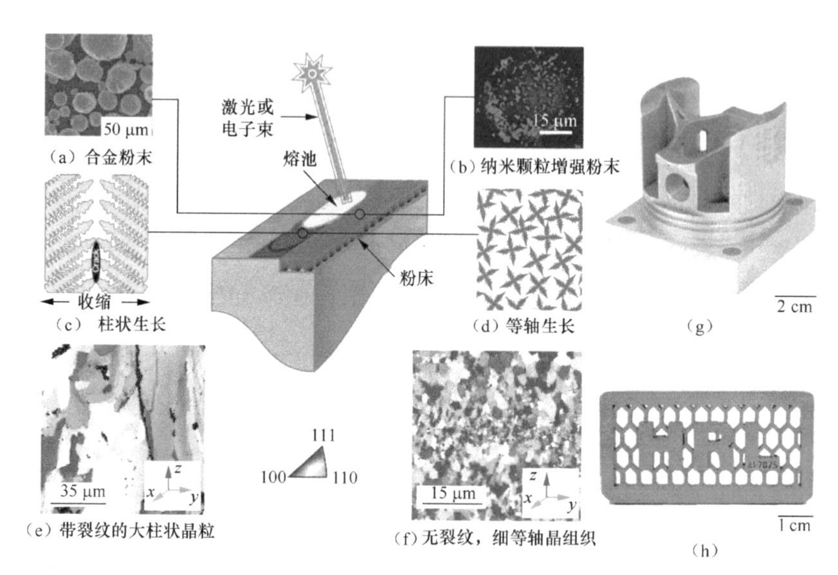

图 16　激光增材制造专用改性高强铝合金

7. 基于激光增材制造的创新结构设计技术

高性能金属构件激光增材制造具有的逐层二维熔化堆积功能实现了任意高性能复杂三维结构的制造，突破了传统制造技术对结构尺寸和复杂程度的限制，为复杂拓扑化、大型整体化等轻量化结构设计提供了变革性技术途径，从而可发展出大型/超大型整体结构、复杂/超复杂拓扑优化结构、结构—现象功能一体化结构等先进高效能轻量化结构。结构设计者需要对增材制造工艺和增材制造材料性能数据库有足够的了解，将传统的以制造优先为导向的结构设计（即在结构设计时优先考虑金属零件能够被制造出来），转变为以功能有限为导向的结构设计，即在结构设计时优先考虑金属零件的功能，从而可以大幅度提高金属零件的性能。例如，北京航空航天大学与中国商飞北京民用飞机技术研究中心产学研结合，通过开展基于激光增材制造技术的飞机仿生拓扑优化金属零件结构设计研究，获得了一种变革性的高效能轻量化仿生结构（见图 17），与传统结构相比实现单件减重 60% 以上，为飞机性能提升提供了强大支撑。

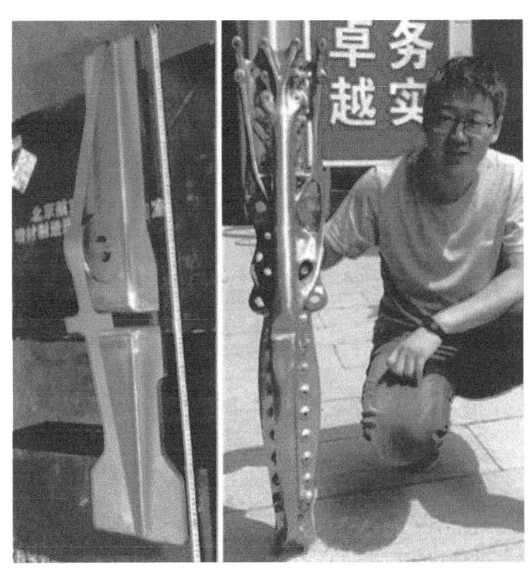

图 17 基于激光增材制造技术的高效能轻量化仿生结构

结语

金属增材制造技术是一种很有发展潜力的高性能、短流程、低成本、成形 / 控性一体化、绿色、变革性、数字制造技术，经过近 30 年的高速发展，已在航空航天等先进装备制造领域获得工程应用。金属增材制造技术水平正在成为衡量一个国家制造业先进水平的标准之一。金属增材制造技术能否得到快速发展和工程推广应用，在很大程度上取决于对内应力控制、内部缺陷控制、凝固组织控制、热处理固态相变行为和组织性能优化、成套装备研发、技术标准制定等相关科学问题的深入研究和关键技术的突破。在线监控与智能反馈、复合制造、外场辅助金属增材制造、梯度结构增材制造、增材修复、增材制造专用材料、基于激光增材制造的创新结构设计等相关新技术的发展正在把金属增材制造技术推向更成熟、更广泛的工程应用。

参考文献

[1] 王华明. 高性能大型金属构件激光增材制造:若干材料基础问题[J]. 航空学报, 2014, 35(10): 2690-2698.

[2] 黄卫东. 材料3D打印技术的研究进展[J]. 新型工业化, 2016, 6(3): 53-70.

[3] 卢秉恒. 我国增材制造技术的应用方向及未来发展趋势[J]. 表面工程与再制造, 2019, 19(1): 11-13.

[4] 巩水利, 锁红波, 李怀学. 金属增材制造技术在航空领域的发展与应用[J]. 航空制造技术, 2013(13): 66-71.

[5] WILLIAMS S W, MARTINA F, ADDISON A C, et al. Wire + arc additive manufacturing[J]. Materials Science & Technology, 2016(7): 641-647.

[6] 顾冬冬, 张红梅, 陈洪宇, 等. 航空航天高性能金属材料构件激光增材制造[J]. 中国激光, 2020, 47(5): 32-55.

[7] BERMINGHAM M J, KENT D, ZHAN H, et al. Controlling the microstructure and properties of wire arc additive manufactured Ti–6Al–4V with trace boron additions[J]. Acta Materialia, 2015(91): 289-303.

[8] DEBROY T, WEI H L, ZUBACK J S, et al. Additive manufacturing of metallic components–process, structure and properties[J]. Progress in Materials Science, 2018, 92(Supplement C): 112-224.

[9] WANG F, WILLIAMS S, RUSH M. Morphology investigation on direct current pulsed gas tuungsten arc welded additive layer manufactured Ti6Al4V alloy[J]. International Journal of Advanced Manufacturing Technology, 2011(57): 597-603.

[10] BRANDL E, BAUFELD B, LEYENS C, et al. Additive manufactured

Ti-6Al-4V using welding wire: comparison of laser and arc beam deposition and evaluation with respect to aerospace material specifications[J]. Physics Procedia, 2010, 5(1): 595-606.

[11] 王华明, 张述泉, 王向明. 大型钛合金结构件激光直接制造的进展与挑战[J]. 中国激光, 2009, 36(12): 3204-3209.

[12] ZHU Y, LIU D, TIAN X, et al. Characterization of microstructure and mechanical properties of laser melting deposited Ti–6.5Al–3.5Mo–1.5Zr–0.3Si titanium alloy[J]. Materials & Design, 2014(56): 445-453.

[13] WANG T, ZHU Y Y, ZHANG S Q, et al. Grain morphology evolution behavior of titanium alloy components during laser melting deposition additive manufacturing[J]. Journal of Alloys and Compounds, 2015(632): 505-513.

[14] 刘长猛. 激光熔化沉积TC18钛合金组织与力学性能[D]. 北京: 北京航空航天大学, 2014.

[15] LIU C M, WANG H M, TIAN X J, et al. Subtransus triplex heat treatment of laser melting deposited Ti–5Al–5Mo–5V–1Cr–1Fe near β titanium alloy[J]. Materials Science and Engineering: A, 2014(590): 30-36.

[16] 解瑞东, 鲁中良, 弋英民. 激光金属成形缺陷在线检测与控制技术综述[J]. 铸造, 2017, 66(1): 33-37.

[17] 曹龙超, 周奇, 韩远飞, 等. 激光选区熔化增材制造缺陷智能监测与过程控制综述[J]. 航空学报, 2021, 42(10): 192-226.

[18] TODARO C J, EASTON M A, QIU D, et al. Grain refinement of stainless steel in ultrasound-assisted additive manufacturing[J]. Additive Manufacturing, 2020, 37. DOI: 10.1016/j.addma.2020.101632.

[19] ZHANG Y Z, LIU Y T, ZHAO X H, et al. The interface microstructure

and tensile properties of direct energy deposited TC11/Ti2AlNb dual alloy[J]. Materials & Design, 2016(110): 571-580.

[20] MARTIN J H, YAHATA B D, HUNDLEY J M, et al. 3D printing of high-strength aluminium alloys[J]. Nature, 2017(549): 365-369.

朱言言，北京航空航天大学前沿科学技术创新研究院副研究员、博士生导师。研究领域为金属增材制造技术。作为负责人主持了中国博士后科学基金面上项目（一等）、国家自然基金青年基金和面上项目等，作为主要成员参与了国家重点研发计划、北京市科技计划等 10 多个重大科研项目研究。发表 SCI 检索论文 15 篇、申请专利 4 项。担任 *Materials & Design*, *JAC* 等期刊的审稿人，担任全国增材制造青年科学家论坛委员。获得 2016 年度“博士后创新人才支持计划”、2019 年北京航空航天大学“卓越百人计划”、2021 年北京航空航天大学“青年拔尖支持计划”等荣誉。

漫谈工业互联网与数字孪生

北京航空航天大学机械工程及自动化学院

肖文磊

工业互联网与数字孪生的概念是伴随着智能制造的发展而兴起的。事实上，工业互联网与数字孪生也只是智能制造的浪潮在国内外（尤其是国内）兴起后产生的众多概念的一部分。所以，要深入理解相关概念，就不得不从智能制造的发展历史开始说起。从制造业与计算机的发展历史可以看出，制造业与计算机技术的跟随时间差几乎固定在10年左右，即十年周期律。以史为鉴，由十年周期律向前推理，就可以导出工业互联网的真正作用在于将机器的智能终端连成网络，而边缘数字孪生就起到了类似智能终端的作用。从这一定位出发，进一步结合计算机语言的发展历史，就可以发现数字孪生与面向对象的思想具有天然的共通性，最终都是为了解决类似软件危机的制造危机问题。与历史相似，一旦制造危机问题得以解决，智能制造的革命就有可能真正落地。

从智能制造开始谈起

在德国人工智能研究中心于2012年发布 *Industry 4.0: From Smart Factories to Smart Products* 之后，国内外开始兴起智能制造的研究。赛博物理系统（CPS）、工业互联网、工业物联网、工业大数据、3D打印、VR/AR、人工智能、云制造、数字孪生、区块链、工业5G等相关概念如雨后春笋般产生。

工业4.0的发展历程如图1所示。对比一下前三次工业革命：工业1.0是以蒸汽机的发明为标志而产生，工业2.0是以电机的发明为标志而产生，工业3.0是以自动化设备（数控机床、机器人等）的发明为标志而产生。工业4.0却不易理解，原因如下：首先，工业4.0的概念较多，如近年的“数字孪生”及早几年的赛博物理系统（cyber-physical systems, CPS），但似乎都缺乏标志性的发明作为支撑；其次，工业4.0的很多概念在工业界没有落地或难以落地；最后，工业4.0的许多概念与计算机集成制造的概念难以相互区分，甚至有新概念试图包含/取代老概念的趋势。

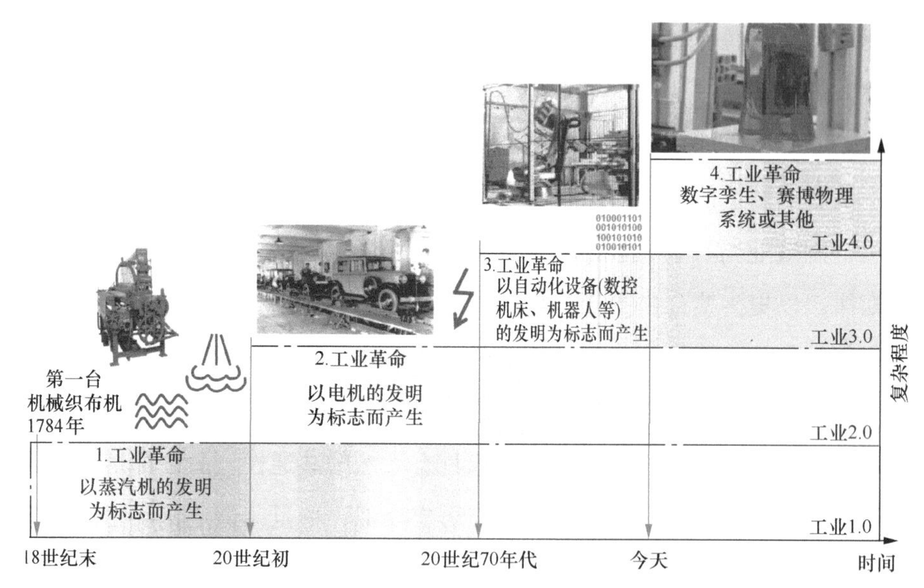

图 1　工业 4.0 的发展历程

但是，我们思考一下就会发现，工业 4.0 虽然难以形成标志性的发明，但它却能够通过与 IT 技术的组合产生制造业新的希望。这个模糊的新希望与各种概念混杂在一起，使其很难被正面定义或解释清楚。其实，这种不清楚在每一次工业革命进程中都是正常存在的。原因是我们正处于工业 4.0 的发展过程中，而这场革命并未结束。正如瓦特定义的是蒸汽机，而并没有定义工业 1.0 一样，我们也不应该试图去定义每一个新概念。与其说这些由智能制造衍生出来的新名词是一些新的概念，还不如说这些概念是一些新的方向。我们并不需要也不可能在一开始就看清楚新方向上的所有路线图，也不知道有些概念是否会在未来进一步发展还是被淘汰。这些概念优胜劣汰的过程有时是漫长的，我们需要耐住寂寞，而不应当在刚提出一个新概念时就开始庆祝。只要我们脚踏实地、大胆假设、小心求证，不断地解决新的问题，最终就可以到达智能制造的终点。

所以，我们对于工业互联网的理解同样应该是基于问题而不是基于概念的。本文并不试图去解释清楚什么是工业互联网的定义，而是旨在阐明工业互联网与数字孪生需要解决的智能制造的问题是什么。

十年周期律

根据“摩尔定理”[1]：计算机的性能每 18 ～ 24 个月提高一倍，价格降低一半。凭借着这种几何级发展的优势，以计算机技术为核心的信息技术（information technology，IT）迅速占据了高科技产业的技术发展最高维。这种高维的优势对其他行业也产生了巨大的冲击。在这种冲击下，很多行业都难以坚守阵地，进而使 IT 能够在不同领域不断地创造奇迹。图 2 所示为 9 年前（也就是智能制造方兴未艾之时）的一个 IT 行业的总结：在短短的 20 年时间里，电子书、录像机、笔记本电脑、移动电话、传呼机、照相机、手表、随身听等，都被智能手机的发明而取代了。在 IT 行业大举进攻的浪潮中，一系列传统大企业，如乐凯、诺基亚等都逐渐退出历史舞台。如果说 20 世纪的后 20 年是个人计算机（personal computer，PC）技术逐渐走向前台的辉煌阶段，那么 21 世纪的头 20 年就是吹响 IT 进攻号角的激战年代。

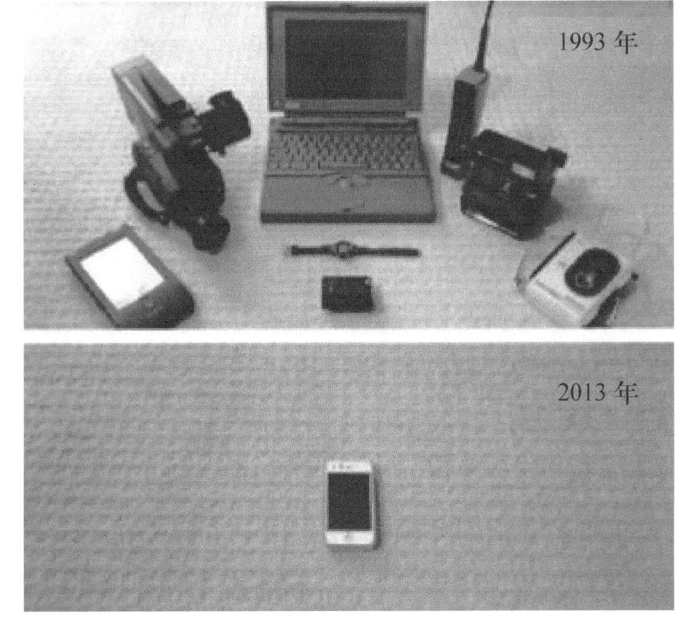

图 2　IT 降维打击下的产业革命

出人意料的是，制造业却能够在这个革新狂潮中坚守阵地、屹立不倒，不断汲取 IT 的"营养"，与之和谐共存。西门子、ABB 等百年老店不但没有被淘汰，反而能在智能制造新浪潮中引领风骚；FANUC、倍福等后来者也能在 PC 技术和 IT 的融合过程中发展壮大。我们见证过苹果公司研制手机、特斯拉公司研制汽车、小米公司研制电视等的成功，却不曾听闻有哪家 IT 公司直接从事数控机床、工业机器人、自动化产线生产。究其原因：首先，得益于其第二产业特性，制造业能够获得足够的喘息时间；其次，这个宝贵的时间差又使制造业能够不断从 IT 的发展中汲取营养，不断增强自身；最后，由于机器与人的需求具有天然的区别，就使 IT 要经过特性化改造才能稳定应用于工业现场。这就是为何我们往往需要在某一项工业自动化技术之前加上"工业"两个字的原因（工业计算机、工业以太网、工业互联网等）。下面回到制造业的十年周期律：在 IT 行业引发的某一项大革命，几乎都会在十年后引发制造业的小革命。让我们梳理一下重要的工控技术发展历史，来说明十年周期律。

1942 年，世界上第一台真空管计算机"Atanasoff-Berry Computer (ABC)"在美国爱荷华州立大学被发明出来[2]。1952 年，美国帕森斯公司在麻省理工学院伺服机构研究室的协助下，试制成功了第一台可进行仿形加工的数控机床[3]。

1946 年，世界上第一台可编程的通用计算机"ENIAC"问世[4]。1955 年，人们开始用 G 代码对加工零件进行编程。三年后，人们开始开发世界上第一个计算机辅助设计软件系统。

1975 年，乔布斯和沃兹尼亚克发明了世界上第一台 PC[5]。1986 年左右，工控行业开始推出基于 PC 的设备控制器[6]。

需要指出的是，在这之后的很长一段时间内，工控行业一直存在着 PC 派和 NC（Numerical Control）派的争论。PC 派认为，PC 的强大功能和性价比具有绝对优势；NC 派则认为，工业控制器的稳定性和实时性是面向办公室桌面应用的 PC 所无法比拟的。在两方争论下，各种解决方案应运而生。

（1）NC+PC：在 NC 单板机上插入 PC 模块。代表产品：日本 FANUC 公司的 0 系列数控系统[7]。

（2）PC+NC：在 PC 上嵌入 NC 控制模块。代表产品：Delta Tau 公司的 PMAC 控制卡。

（3）IPC：工业级纯 PC 架构。代表产品：德国倍福公司的 TwinCAT[8]。

这些解决方案到今天还在某些领域被应用，工控技术也在这种理念的对撞中不断发展。到今天为止，尽管相关的争论还没有得出定论，但是工控技术的发展却悄然进入了另一个阶段：与 IT 的融合。在这一阶段，工控技术又在 NC 派的一次次失败中，不断涅槃重生，得到蓬勃的发展，从而孕育出当前工业互联网和智能制造的美好前景。在这个进程中，十年周期律又开始发挥其作用了。

1980 年初，串口开始在 PC 上出现，初期是为了连接外部设备（简称外设）及实现两台计算机之间的互联。几乎同时，德国 BOSCH 公司为了连接汽车上的传感器，发明了 CAN 总线[9]，十年后，以串口为基础发展而来的 RS232/422/485 和 CAN 总线也成为工业控制连接外设（电机、传感器）的主流总线。这两种总线其实代表了 PC 派和 NC 派的典型观点：串口来源于 PC 理念，通用且价格低廉，但是实时性、可靠性和灵活性差；CAN 总线来源于 NC 理念，实时性、可靠性和灵活性都较高，但是专用且价格更为昂贵。

1995 年以后，随着 PC 操作系统的发展成熟（标志性产品为微软公司 Windows 95、Windows 98 操作系统），以太网技术开始普及，进而得到蓬勃发展。十年后的 2005 年，工程师们突然发现以太网技术已经发展到足够稳定且价格低廉，只要对以太网的物理硬件稍作修改，同时修改通信层协议，以及嫁接工业总线的应用层协议，就可以综合利用 PC 理念和 NC 理念各自的优点。从此以后，实时的工业以太网应用开始在工业中普及。迄今为止，工控行业主流的现场总线都是基于工业以太网（ProfiNet、

EtherCAT、Powerlink 等）实现的。

尽管如此，对稳定性和实时性近乎严苛的需求使工控技术对 IT 的跟随永远保持着谨慎和冷静。当 PC 操作系统的主流是 Windows 10 时，工业操作系统的主流是 Windows 7；当 PC 的 CPU 开始采用多核时，工业计算机的 CPU 还是奔 4；当 IT 的标准网速是千兆时，工业以太网还在使用百兆。

以史为鉴，那么工业互联网是什么呢？为什么需要它，又如何理解它呢？其实，与其他技术一样，工业互联网同样逃不过十年周期律，我们可以先抛开各种繁杂的定义，从以下两点来理解：

首先，工业互联网不是被发明的，而是由互联网嫁接而来的，所以要理解工业互联网，就需要从工业和互联网两方面来理解；

其次，由于十年周期律的影响，今天的工业互联网是由十年前的互联网技术发展所决定的。

十年前的互联网

如前所述，如果我们看不明白今天的工业互联网，就需要回顾到十年前的互联网。2010 年以前的互联网发生了什么大事？2007 年，苹果手机诞生；2008 年，Andriod 系统发布。从此之后，互联网生态发生了巨大的变化。人们开始更多地使用微信交流，各种 App 接连面市，游戏界的主战场从桌游转成了手游。互联网服务器端也发生了巨大的变革。静态网页已经过时，宣传模式由浏览变成推送，一切皆服务（XaaS）的理念开始盛行。引发 IT 革命的 iPhone 和 Andriod 手机从此被称为“智能手机”。这是因为，智能手机俨然已成了人类智力的拓展，更为重要的是，人类的日常智力活动首次产生了自动关联服务的能力。为此，我们毫不怀疑智能手机是智能的这一事实。何为智能？我们可以简单地进行解释，智能就是能够自主提出需求或响应需求。在我们使用地图 App 导航，使用外卖 App 叫餐，使用出行 App 叫车的时候，智能手机不自觉地就把我们的需求发出去了（尽管它并不知道答案）。有了需求的发出，就必然有需求的响应，即服务。需求的海量暴增使解耦的软件框架和智能的算法越来越受青睐，进而催化了 XaaS 和 AI 技术的发展。简而言之，XaaS 就是为了解决原来强耦合的宏系统能力不足的难题，转而变成了“你提供你的服务，我提供我的服务”的松耦合合作模式；AI 就是为了解决原来服务端对人力（脑力）过度依赖的问题，而采取全部或部分取代人的策略。

然而，回到智能制造，我们却仍然迷惑：如图 3 所示，为何智能手机是智能的，而数控机床却不是智能的？为了回答这一问题，我们需要重温一下智能手机带来的启发：“所谓智能，就是把智能终端连成网络”。互联网的作用是连起来，但是如果缺乏智能终端的支持，也不能构成智能化的网络。因为，没有智能终端的网络是一个缺乏需求也就缺乏服务的网络，这种情况就如同十多年前的互联网世界一般。苹果手机的革命就在于此。那么，为什么数控机床不是智能的？因为它不是智能终端！这个时候，如果我们生搬硬套互联网新模式，往往会有摸不着头脑的感觉，尽管这能够解决智能制造的一些边缘问题，但是仍难以突破智能制造的核心关键，反而容易坠入“画虎类犬”的境地。

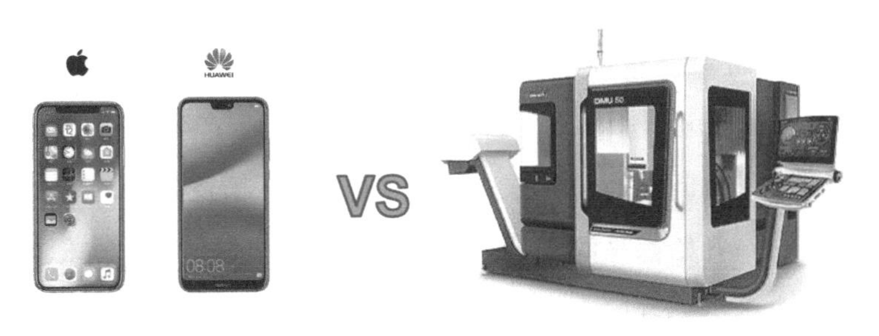

图 3　智能手机与数控机床的比较

数字孪生的智能制造内涵

从工业互联网的需求出发，“数字孪生”被狭义定义：设备控制器的智能代理。近年来，数字孪生在学术界和工业界已经引发了广泛的研究和应用探索。作为物理世界的数字化映射，数字孪生应该如何助力智能制造的发展是当前该技术发展的主要命题。但是，在近几年数字孪生的发展过程中，却存在着概念不统一、解读不一致、实现有偏差等问题。

2003 年，美国的 Michael Grieves 教授首次提出“镜像空间模型”的概念[10]，随后由美国国家航空航天局正式命名为“数字孪生”[11]。但这个定义仅说明了数字孪生的表现形式，对其内涵思想、实现方法、适用范围都未做出明确的规定和解释。与工业互联网不同，理解数字孪生无法以史为鉴。其根本原因在于工业界的运行模式与 IT 界仍存在一定维度的不同，因此很难找到可以直接参照的坐标系。一旦无法直接参照，人们往往就会主观地“自由发挥”，从而产生莫衷一是的理解，这就是造成概念模糊的根本原因。尽管现有研究对数字孪生的架构和组成做了一些抽象的描述，但数字孪生的内涵及其潜在思想并未被论证清楚。在这种情况下，往往需要依靠辩证唯物主义的哲学思想才能真正地实现“透过现象看本质”的效果。

一般经典的概念都会经历一个从抽象到具象的过程。但当下引起广泛关注的数字孪生则有所不同。自数字孪生的概念被提出以来，其内涵反而变得越来越模糊[12]。这种情况，与一个具有较大影响力和较长生命力的概念相比，有很大区别。举例而言，制造业在历史上产生了很多抽象概念，都已成为解决具体问题的经典方法，如准时生产、精益制造、参数化设计、数字样机等，一开始都是源于某一概念。在计算机领域中，类似具有影响力的抽象概念则更为普遍。如面向对象、泛型编程、面向切面编程等。根据历史的概念总结，我们可以推论，一个可能成为经典的概念应该具有以下 3 个特征：内涵抽象、方法普适而问题具体；与现有方法存在排他性的维度区分；能够产生较大的社会经济效益。

例如，面向对象的概念是抽象的，但是面向对象解决了设计大型程序时规范的架构思想和工具问题。这个优点是面向过程语言难以逾越的，因此 C++ 和 Java 等面向对象语言获得了巨大的成功，成为 C/S 架构与 B/S 架构的主流语言。又如，参数化设计思想规范了 CAD 的设计过程，并提供了模块化修改的可能，因此，发明了参数化设计概念的 PTC 公司在历史上占有一席之地[13]。因此，要使数字孪生的概念产生经典的效果，就必须完全满足以上 3 个特征。以下疑问则是亟待解决的。

（1）数字孪生通常被解释为“连接物理世界的数字化镜像”，这个概念虽然抽象，但是解决的问题却不是那么具体。物理世界的数字化镜像其实是一种方法或手段，而不是具体要解决的问题。通过定义，我们可以合理推论，数字孪生与“数字样机”“硬件在环仿真”“多物理场分析”等已经产生一定应用效应和成熟商业软件的历史概念存在很强的关联性，或者说，是否可以推论数字孪生是上述三类概念之和？这三类概念所要解决的问题都是“更为全面的表达与更为精确的仿真”，那么是否可以认为数字孪生也是要解决“更为全面的表达与更为精确的仿真”的问题呢？

（2）数字样机重在模型，硬件在环仿真重在连接，多物理场分析重在仿真，这几乎涵盖了一般的数字孪生概念研究中所强调的绝大多数要素。那么，是否可以认为数字孪生就等于数字样机 + 硬件在环仿真 + 多物理场分析呢？显然，并不能这么认为。因为，如果是这样的话，就违背了第二个特征“与现有方法存在排他性的维度区分”。所谓维度，是不能对已有方法通过简单的加法来实现的。例如，采用面向对象方法，无论花多少时间，都无法达成泛型编程（模板元编程）的效果。

（3）为何数字孪生能够产生较大的经济效益？例如，现在国内许多工厂都在开展数字孪生的项目（大部分采用的是 Unity3D+ 数据库的解决方案）。那么，这些数字孪生系统具体在解决企业与工厂的什么问题呢？可能答案有故障诊断、数据监控、智能排产等。不过这些问题与 MES、ERP 等系统的目标又有些趋同，而不具有技术上的排他性。此外，难以发展出“内涵抽象、方法普适而问题具体”的效果。也就是何为内涵？何为方法？何为问题？

正因为上述疑问没有答案，所以数字孪生的概念在当前的发展过程中变得越来越模糊。企业对数字孪生的解释也莫衷一是，重点各有不同。为了解决上述疑问，本文试图用参照性分析的方法，对照面向对象与数字孪生两种概念，来获得具有一定严谨性的解释。

面向对象是一个成功的概念，对应的方法包括继承、重载、多态。其中，继承解决了 is-a 的耦合关系，重载提供了函数参数决定行为的运行模式，多态使统一的接口可以绑定不同的行为。这三种方法提供了对同一簇类进行批处理的可能，从而大大提升了大型程序的开发效率，这对面向过程语言是维度上的提高。其中，C++ 语言的多态是通过虚函数来实现的，而虚函数是通过函数指针的功能来完成的。函数和虚函数非常像，但是体现的思想截然相反。数字孪生与仿真也存在类似的比较问题：它们很像，但体现的思想却截然不同。事实上，函数和虚函数体现的思想与仿真和数字孪生体现的思想是可以参照对应的。函数与仿真类似，体现的是静态绑定的思想；虚函数与数字孪生类似，体现的是动态绑定的思想。下面给出在编程语言中，静态绑定与动态绑定的定义与对比。

静态绑定：函数的行为在编译时决定，而且在运行时不能变。

动态绑定：函数的行为在运行时决定，而且在运行时可以变。

套用类似的思想，我们可以将其理解为：传统仿真是静态绑定的，仿真的行为在仿真阶段确定；数字孪生是动态绑定的，仿真的行为在执行阶段确定。就如同虚函数的本质还是函数（通过函数指针来实现）一样，数字孪生的本质还是仿真，只不过是动态绑定的仿真。这就可以解释，为何数字孪生与仿真如此相像，却又存在相互对立关系。那么，为何动态绑定的意义如此重要呢？这是因为，动态绑定是面向对象的前提，没有动态绑定就无法实现多态，也就无法实现面向对象。而面向对象相较于面向过程的高维优势是显而易见的，这就可以满足一个经典概念的三个特征。下面给出制造仿真的静态绑定与动态绑定的定义。

静态绑定：仿真的行为在制造前决定，而且在制造时不会变。

动态绑定：仿真的行为在制造时决定，而且在制造时可以变。

下面根据数字孪生是动态绑定的仿真这一定义，继续分析与拓展。

首先，由于需要实现动态绑定，就必须与物理端通过一定的频率进行数据同步。数据同步可以通过连接来实现，但是不一定必须通过连接来完成。例如，在数据采样频率要求比较低的装配场景，人工输入误差数据完全可以满足操作要求，温度可以通过连接采集，也可以通过红外视觉采集。形式并不重要，关键是数据的实时获取。从数据到仿真模型的传输过程中，我们还需要关注一个重要的问题：数据如何转换为信息，因为只有有效的信息对仿真模型才是有意义的，具体结合业务的信息才是有作用的。

其次，数字孪生需要建模与仿真技术作为支撑。这就如同虚函数需要函数作为支撑一样，脱离仿真技术谈数字孪生是无意义的，也只能形成虚的概念，或者与已有技术趋同，或者毫无实际用处。在讨论仿真技术之时，我们需要注意，不同领域的建模与仿真技术是有很大区别的。只有深入理解了不同仿真技术的基本思路与优缺点，才能确定需要动态绑定的数据与信息，实现解决具体业务问题的升维方法。例如，机器人模型重在运动学与动力学，而制造业模型重在几何与工艺的表达，差异性很大，决不能单以建模进行简单统称。又如，运动规划的仿真重在实时性，而有限元仿真重在计算精度，决不能用仿真一言以蔽之。

最后，数字孪生的动态绑定的最终目标是实现多态式的仿真。多态可以统一控制接口，以及自适应决定仿真与决策的行为，从而为顶层系统提供批处理的可能。在产品的加工阶段，多态仿真可以对单个加工工件与加工设备进行个性化的仿真分析，从而能够采集大量的有用信息并进行统计分析；在产品的装配阶段，多态仿真可以记录单个产品在整体装配流程中产生的大量误差数据，形成个性化的装配产品样机，为数据分析、质量回溯、容差预测等提供依据；在产品的使用阶段，各产品可以拥有自己的数字样机，记录在整个产品生命周期中的各类运行数据，提供各类运行服务，且可以进行整体统计与分析。

动态绑定本身并不是 C++ 面向对象语言特有的，早在 C 语言的函数指针里就产生了类似的概念。但是，动态绑定可以催生面向对象，而面向对象就是 C++/Java 等语言区别于 C 语言的最重要特点之一。从这个角度来看，动态绑定的仿真极有可能催生面向孪生的制造。而面向孪生的制造则可以给我们无限的遐想空间，且不必担心落入与传统技术的“趋同陷阱”。表 1 所示为面向对象与面向孪生的相关概念定义的对比，由此我们可以发现，面向对象编程与面向孪生制造很有可能产生较强的对偶关系。当前的产品制造流程几乎都是面向过程的，就如同 20 世纪 70 ～ 20 世纪 90 年代的 C 语言一样，一旦面向孪生的制造模式可以得到实施，就极有可能再现类似面向对象的成功模式，从而引发新一轮的制造革命。

表 1　面向对象与面向孪生的相关概念定义的对比

特性	概念定义	
	面向对象	面向孪生
属性	类变量	数字模型
行为	函数	仿真
静态绑定	普通函数	运行（制造）前仿真
动态绑定	虚函数	运行（制造）时仿真
类	类对象 ={ 类变量 ; 普通函数 ; 虚函数 }	数字孪生 ={ 数字模型 ; 运行前仿真 ; 运行时仿真 }
模式	面向对象编程	面向孪生制造

从上述分析来看，数字孪生的意义非常明确，就如同类定义是实现面向对象编程的重要基础一样，数字孪生也是实现面向孪生制造的重要基础。因此，为了明确数字孪生的最终目的及规范数字孪生的内涵定义，有必要对 Michael Grieves 教授提出的概念进行补充：

数字孪生是连接物理世界的数字化镜像，以实现动态绑定的同步仿真。

之所以需要在数字化镜像的基础之上，进一步强调数字孪生仿真的动态绑定特性，是因为在计算机技术的发展历史上，动态绑定确实起到了从结构化编程转变为面向对象编程的桥梁作用。而这一变化在历史上确实是革命性的，正是这场革命使软件危机问题得以有效解决。例如，C++ 语言用以实现多态的虚函数是通过函数指针来实现的，所以动态绑定可以催生多态，而多态又是类与面向对象的重要基础。图 4 所示为 C/C++ 从动态绑定、多态到面向对象的演变过程。

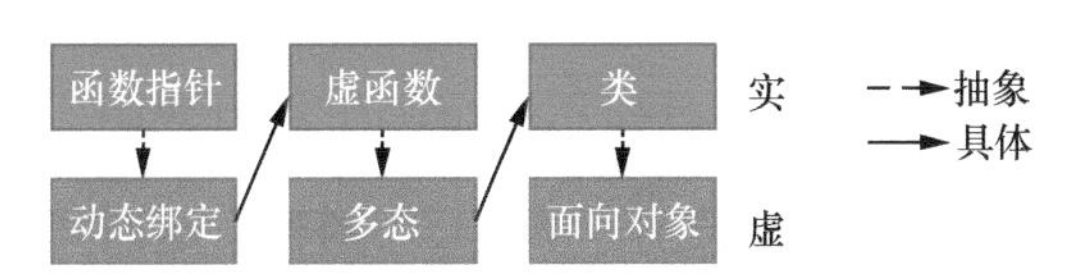

图 4　从动态绑定到面向对象的演变过程

软件危机与制造危机

20 世纪 70 年代前后，计算机行业爆发了“软件危机”（software crisis）[14]。所谓软件危机，指的是落后的软件生产方式无法满足迅速增长的计算机软件需求。也就是说，并不是软件开发的可行性问题，而是软件开发的效率问题掣肘了计算机软件的发展。当前生产制造环节中的自动化装备（数控机床、工业机器人等）主要还在执行与硬件绑定的结构化语言（G 代码、机器人代码等），这种工作模式与 20 世纪 70 年代计算机普遍使用的汇编语言本质上并无差异（见图 5）。相比而言，当下的智能制造行业是否也存在一个类似的“制造危机”（manufacture crisis）呢？ 既然落后的计算机编程方式（汇编语言）是导致软件危机的根源，那么落后的数控机床编程方式（G 代码）是不是导致制造危机的根源呢？

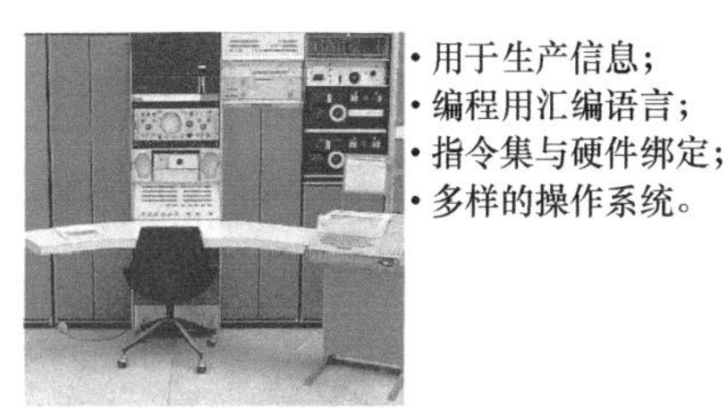

（a）20世纪70年代的计算机

（b）当今的数控机床与工业机器人

图 5　20 世纪 70 年代的计算机与当今的工厂自动化设备

当前的制造业确实存在类似的制造危机——落后的产品生产方式无法满足迅速变化的个性化产品制造需求。在工业 4.0 与智能制造的概念被提出时，单件小批量产品的制造是一个典型的目标问题，恰恰反映了个性化（多样化）产品的制造需求。随着认识的深入，我们可以发现，多样化的产品制造需求不仅仅存在于单件小批量的生产过程中，大批量生产的产品同样可能需要根据实时数据进行动态工艺调整，这时每个产品的制造过程也可以呈现出程序的多样性。这种多样化的编程方式给工艺人员带来了巨大的编程压力，使柔性制造的方法很难大规模实施。具体而言，CAD/CAM 的工艺员需要针对每台机床设备的配置进行 G 代码的后置，即使加工同一零件，也需要进行适应不同机床硬件配置的编程与仿真。车间生产线为此必须固化所有的加工流程，任意的状态变化都很难被原有的生产流程所兼容。在这种情况下，加工程序的多样化需求就会给现有的生产模式带来巨大的挑战。

1975 年，Frederick P. Brooks 在其所著的对软件工程产生深远影响的著作《人月神话》[15] 中提出：面向对象是当时可能解决“软件危机”的最有希望的方案。迄今为止，事实证明了这一论断无疑是正确的。通过类的抽象封装与继承、多态的模块化设计，面向对象可以有效地对抗软件需求的多样性，从而极大地提高编程效率。既然面向对象是解决软件危机的有效方案，那么面向孪生是不是解决制造危机的有效方案呢？数字孪生组合运行时的仿真能力恰恰能够给制造危机的解决提供一种可能，利用孪生体的封装性和多态性可以类似于面向对象，为制造装备、工件、资源建立孪生对象。一个融合人、机、物的 CPS 组合数字孪生的架构为这种新型的制造模式提供了支撑条件，从而可以创造出“一切皆孪生，孪生即服务”的新概念。一切皆孪生（everything is a digital twin）的意思是，任何需要参与到任务协作的对象（如机床、工件、刀具等）都可以是孪生体。孪生即服务（digital twin as a service）指的是，在具体实施数字孪生时可以采用 CPS 的微服务架构，让孪生体的表现行为与微服务并无二义，从而可以更好地与其他服务相互融合。

智能制造的实施关键

基于前面的分析，工业互联网的本质其实就是想嫁接互联网十年前智能化革命的“红利”，数字孪生的本质内涵是创造一种类似面向对象的制造模式，其终极目的都是解决制造危机的问题。一旦可以解决制造危机，就能引发真正的智能制造革命。但是，如同在工业自动化领域耕耘的无数前辈一样，我们在怀揣着这个美好愿望的同时，还要注意以下两个关键问题。

（1）智能终端问题。我们现在的数控机床、工业机器人还远谈不上智能，还处于简单的动作执行层面。即使有些先进的自动化设备已经具备了一定的自适应决策能力，其仍然不具备提出需求和响应需求的能力。为了实现这一目的，就必须智能化升级自动化装备的控制系统。所谓的智能化，主要指的并不是在控制程序中加入“人工智能”，也不是“自适应控制”算法，而是赋予机器能够自主提出需求和服务需求的能力。很显然，当前的工业控制系统的主要任务在于实现对物理器件的控制，并不关注这样的功能，而且在很长的一段时间内都很难改变现状。为此，数字孪生软件的作用就可以被理解为：一方面实时连接工业控制器，另一方面为控制器补充一个提出需求和服务需求的智能代理。在此基础之上，就有可能实现“把智能终端连成网络”的目标。一旦实现了这一框架，必然催生出大量的“需求—服务”场景，从而再现互联网前十年间的辉煌。

（2）人机对等问题。在工业 PC 和工业以太网的历史上，工业这两个字往往代表了实时和稳定。工业互联网是不是在延续这个故事呢？其实不然。在设备内部为了达到控制的要求，必须满足实时性和稳定性。但是我们不应该把这样的诉求照搬到工业互联网中，因为工业互联网已经开始关注设备间的通信问题了。简单来说，互联网与工业互联网的主要区别在于：

互联网主要解决的是人与人的互连问题，而工业互联网不但需要解决人与人的互连问题，还需要解决人与机器、机器与机器的互连问题。在这个网络中，每个机器与人在工业互联网中都对应了一个孪生镜像，从而构建了一个人与机器可以对等的赛博空间。在这个对等空间中，将会产生大量的“需求—服务”场景，从而赋予机器一定的决策能力，实现智能制造的终极目标：取代或减轻人的脑力劳动。自工业革命以来，我们从来就是把机器当作无生命力的事物来看待，机器一直在忠实而生硬地执行人的指令。在一个机器与人可以平等对话的智能化网络中，我们会突然发现机器的加入会给人类熟知的社交网络带来不一样的诉求：不但人可以指挥机器，机器也可以“指挥”机器，机器甚至可以“指挥”人。在这种新型模式下，我们除了必须具备的新的服务业务，还将必然面临沟通、协同、安全等新的挑战和难题。

结语

以史为鉴，可以知兴替——充分理解与分析技术相关的历史，往往可以推导出未来的技术发展方向。然而，我们往往又不能简单地复制历史。这是因为，只能根据过去判断将来，却无法根据过去规划将来。工业互联网与数字孪生的概念已被提出多年，行业内也非常迫切地期望将相关技术应用到实际产业中。然而，工控技术发展的历史却告诉我们，这不是一件简单的事情。有的时候需要我们逆向与升维思考才能看清真正的未来前景。20 世纪 70 年代前后的软件危机催生了两大技术变革：一个为操作系统，另一个为面向对象。这两个技术革命是否会关联出制造的操作系统与制造的面向对象？通过面向对象与数字孪生的对比，给了我们一些辩证的思考。前途依旧漫漫，结果犹未可知。也许在不远的将来，我们可以看到这一变革的出现。这种变革也可能会指向智能制造真正的发展目标。

参考文献

[1] MOORE G E. Cramming more components onto integrated circuits[J]. Proceedings of the IEEE, 1998, 86(1): 82-85.

[2] BURKS A R, BURKS A W. The first electronic computer: the atanasoff story[M]. Ann Arbor: The University of Michigan Press, 1988.

[3] 刘强.数控机床发展历程及未来趋势[J].中国机械工程. 2021, 32(7): 757-770.

[4] CORTADA J W. The ENIAC' s influence on business computing, 1940s-1950s[J]. IEEE Annals of the History of Computing, 2006, 28(2): 26-28.

[5] CORCORAN P, COUGHLIN T, WOZNIAK S. Champions in our midst: the apple doesn' t fall far from the tree[J]. IEEE Consumer Electronics Magazine. 2016, 5(1): 93-98.

[6] 艾小洋.应用决定工业PC的未来——德国倍福电气有限公司总经理Hans Beckhoff专访[J]. 现代制造. 2004(3): 18-20.

[7] TOMOATSU S, MASAHARU Y, FUMIO K. Empirical analysis of evolution of product architecture: FANUC numerical controllers from 1962 to 1997[J]. Research Policy. 2005, 34(1): 13-31.

[8] EPHREM R A, MOHAMMAD O A. A review on the application of programmable logic controllers (PLCs)[J]. Renewable and Sustainable Energy Reviews. 2016(60): 1185-1205.

[9] DAVIS R I, BURNS A, BRIL R J, et al. Controller area network(CAN) schedulability analysis: refuted, revisited and revised[J]. Real-Time Systems. 2007(35): 239-272.

[10] GRIEVES M W. Complex systems engineering: theory and

practice[M]. New York: American Institute of Aeronautics and Astronautics, 2019.

[11] PIASCIK B, VICKERS J, LOWRY D, et al. Technology area 12: materials, structures, mechanical systems, and manufacturing roadmap[M]. Washington: NASA Headquarters, 2010.

[12] 陶飞, 刘蔚然, 张萌, 等. 数字孪生五维模型及十大领域应用[J].计算机集成制造系统. 2019, 25(1): 1-18.

[13] 源清, 肖文.温故知新 更上层楼（一）——CAD技术发展历程概览[J].计算机辅助设计与制造. 1998(1): 3-6.

[14] GIBBS W. Software' s chronic crisis[J]. Scientific American. 1994, 271(3): 86-95.

[15] FREDERICK P. The mythical man-month[M].Beijing: Tsinghua University Press, 2015.

肖文磊，北京航空航天大学机械工程及自动化学院副教授、博士生导师。航空高端装备智能制造技术工信部重点实验室骨干成员，中国图学学会第七届青年委员、智能工厂专委会副主任委员，数字孪生专委会委员、北航“青年拔尖人才支持计划”入选者。主要研究面向航空制造的CAD/CAM、智能数控技术、工业机器人仿真、智能装配技术及装备等研究工作。承担和参与了民用飞机预研专项、发动机重大专项、国家重点研发计划、国家自然科学基金重大仪器专项、国家自然科学基金青年项目等国家级科研项目。已发表学术论文 60 余篇，申请与获批发明专利 20 余项。作为共同通信作者发表 Nature 子刊 1 篇。获中航工业科学技术奖二等奖、央企熠星创意大赛二等奖、北京航空航天大学教学成果优秀奖一等奖等荣誉。

“焊”向未来
——电弧增材制造

北京航空航天大学机械工程及自动化学院

从保强

增材制造，也是我们常常说的“3D打印”技术，可谓是制造业领域的一次革命性的突破。它把制造过程变得简单而神奇，采用传统制造方法需要很多道工序才能完成的工作，对于增材制造技术来说，仅需要简单地“自下而上”一层一层地将二维平面形状堆积起来，直至得到我们想要的“模样”，这就给了我们更大的发挥空间去制造出更多以往只存在于想象中的复杂物体。我们这里要说的电弧增材制造，是近年发展较为迅速的一种金属增材制造技术，相较于激光、电子束金属增材制造所用设备和原材料的高昂价格，电弧增材可谓是“物美价廉”，具体表现为制造方式更加灵活、沉积效率更高、制造尺寸更大，而且电弧增材制造的金属构件内部致密度几乎可达100%，因此电弧增材制造技术特别适合于整体大型乃至超大型复杂结构件的低成本、短周期快速一体化成形，对我国航空、航天、航海、轨道交通等高端装备领域的高质高效制造有着十分重要的意义。下面我们就来深入地了解一下这一项正在飞速发展且有着丰富内涵的新型制造技术。

电弧增材制造的基本原理

电弧增材制造依赖于焊接自动化工艺的基本概念。焊接是一种连接工艺，用于将两个构件连接起来，与螺接和铆接并称三大连接技术。我们对于“焊接”一定不陌生，日常生活中随处可见，有时在路边就能看到焊工使用焊枪和遮光面罩在安装围栏或门窗等金属结构，并且焊接过程伴随着强光产生，可谓“弧光灿烂”，这是十分普遍的一种焊接方法，叫作焊条电弧焊（见图1），是电弧焊的一种。所谓电弧焊就是以电弧为热量来源的焊接方法，除了常见的焊条电弧焊以外还有钨极气体保护焊、熔化极气体保护焊、等离子弧焊、药芯焊丝电弧焊等，都是通过人为产生具有高热量的电弧来熔化金属，使被焊工件的材质达到原子间结合而形成永久性连接的技术。在焊接过程中，金属焊件上吸收了电弧的热量而熔化处于液态的部分称为熔池；在电弧远离后，失去热量而重新凝固的部分称为焊缝。

图 1　焊条电弧焊

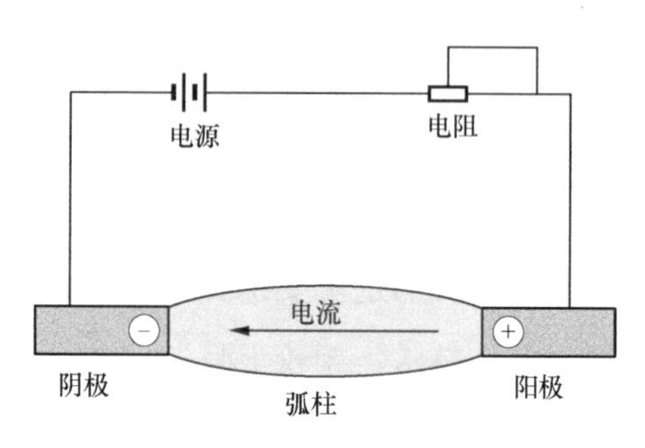

图 2　电弧产生原理

电弧是所有电弧焊接工艺的能量源泉，它将电能转化为焊接过程所需要的机械能和热能，从而将金属熔化实现连接。而电弧本质上是一种气体放电现象，比如在夏天，我们常看到天空中的闪电，这就是一种气体放电现象。在两电极之间的气体介质中，强烈而持久的放电现象称为电弧，如图 2 所示。电弧放电时会产生高温（温度可达 6000 ℃）和强光，所产生的高热量可用于焊接、切割和冶炼等。焊接电弧的主要作用是把电能转换成热能，这一过程中又会产生强烈的光辐射和响声（电弧声）。焊接电弧不同于一般电弧，焊接电弧的轮廓看起来像一个上窄下宽的圆锥形的粗壮光柱，它从电极端部开始从一个点开始扩大，一直扩展到工件，如图 3 ～图 5 所示，我们将这个可见的光柱称为弧柱。当然，由于焊接电弧所伴随的强光，我们是无法直接观察到电弧的，需要通过特殊制作的滤光片将强光过滤掉再去进行观察，也就是焊工戴的面罩上的小玻璃。电弧各个部位的温度分布也不一致，从电弧的横截面来看，电弧中心处的温度最高，并且由内向外逐渐降低；而从纵向来看，阳极和阴极的温度又要高于其他部位。当阴极和阳极间的气体放电不受外界附加因素的约束和影响（如器壁、气流、磁场等）时所形成的电弧称为自由电弧，也称普通电弧，如图 3 所示。当电弧受到外界气流、器壁或者外磁场的影响而被压缩时，它的弧柱变得更细、弧温变得更高，能量也变得高度集中，我们称这种电弧为压缩电弧，这就是另一种电弧焊接的热量来源——等离子弧，如图 5 和图 6 所示。

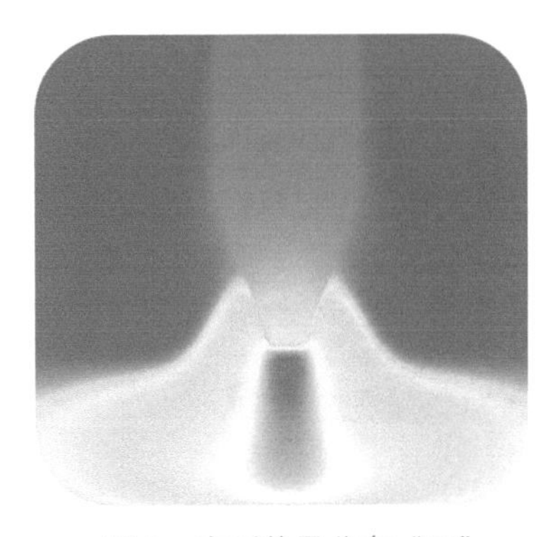

图 3　电弧热量分布“云”

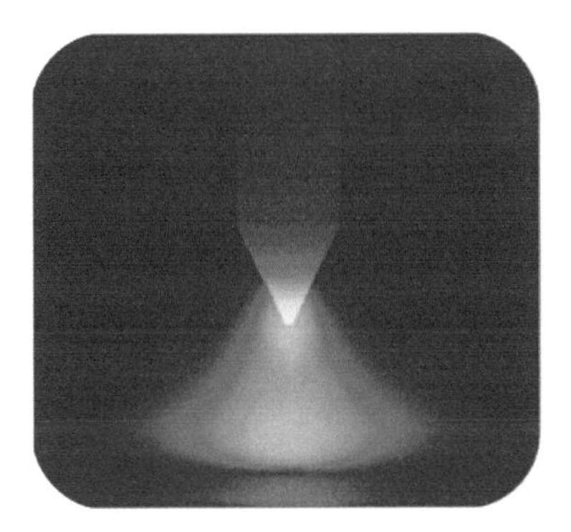

图 4　钨极气体保护焊电弧

图 5　等离子焊接电弧

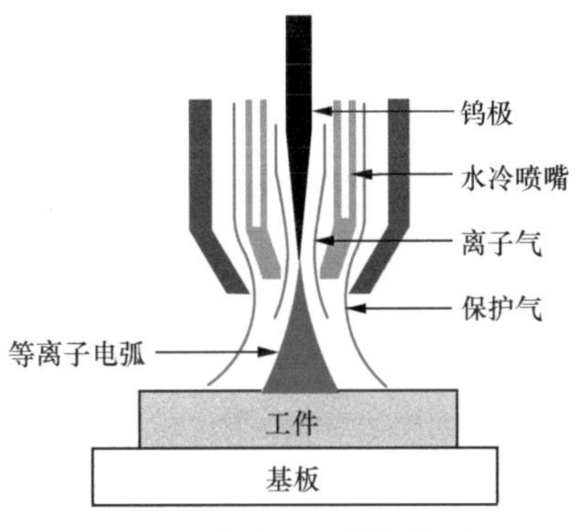

图 6　等离子弧焊枪原理

在众多的焊接方法中有一种用来修复零件磨损和崩裂部分的焊接方法，它使用电焊或气焊法把金属熔化，然后将熔化的金属堆在受损的工具或者机器零件上进行修复，称为堆焊法。而现在的电弧增材制造技术就是堆焊技术的衍生，但又明显有别于传统堆焊，是结合现在的诸多如工业机器人等数控自动化设备发展起来的无约束状态的自由立体成形，使得金属材料可以自动地按照我们人类设计的方式层层“堆砌”，精确成形。早在 1920 年，美国学者 Baker 就申请了基于这种原理的发明专利，在他的专利中描述了一种使用电弧将金属熔化然后把金属熔滴堆积成金属装饰品的方法[1]，如图 7 所示，这可以被认为是原始的电弧增材制造。而如今随着计算机技术的蓬勃发展以及计算机技术在制造领域中的广泛应用，数字化的焊接技术以及数控设备的出现也彻底地颠覆和重新定义了现代的电弧增材制造技术。

图 7　手工保护焊堆焊成形的金属花托和装饰性收纳篮[2]

当下，电弧增材制造需要由一个系统完成，这个系统通常由增材电源、自动送丝系统、计算机数控工作台或机器人系统以及一些附件（如保护气体、预热和冷却系统）组成。一个典型的机器人电弧增材制造系统如图 8 所示，在这个系统中，计算机被用来对实验过程进行编程控制以及对实验结果进行采集；机器人控制器被用来协调机器人运动和焊接过程；智能化可编程的焊接电源用于控制电弧；工业机器人接收到控制器指令后控制机械手带动焊枪移动，这样被电弧熔化的熔融金属就能按照我们所设计的路径去沉积，从而将每一层的轮廓都刻画出来，再一层一层地堆出我们所需要的三维实体形状。

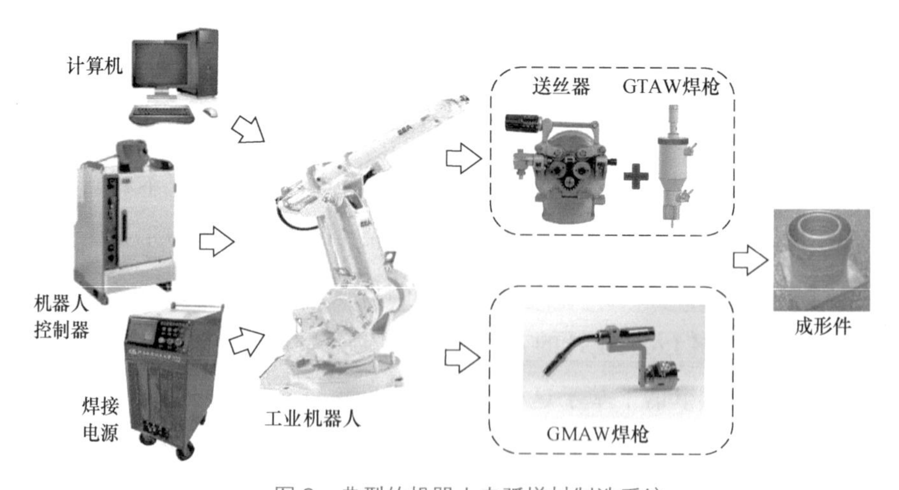

图 8　典型的机器人电弧增材制造系统

和其他的增材制造技术一样，在制造构件时，电弧增材制造技术首先通过计算机建模软件建立构件的三维模型，再将建成的三维模型自上而下分成一层层等厚的切片，然后将这些二维的截面转换为增材制造的路径，也就是机器人驱动焊枪所要运动的路径，如图9所示。最后开始成形过程：由焊枪产生电弧将金属丝材熔化，由机器人带动焊枪在基板上按设定的成形路径运动；与此同时，随着焊枪的移动，自动送丝系统也源源不断地将金属丝材送到电弧中进行熔化变为液态金属，由于金属极高的散热性能以及极高的凝固点，在电弧移开后熔融金属会迅速冷却成形变为固态。就这样通过一层一层的重复堆积，最终可以得到一个完全由焊缝金属组成三维构件。

图9　增材制造三维模型的切片处理

对于电弧增材制造而言，其成形路径规划必须准确且合理，如果电弧行走的轨迹规划存在问题，将会导致所制造的产品成形精度低、表面粗糙、力学性能差等。因此，电弧增材制造过程中十分注重分层切片的轨迹规划策略。目前，国内外相当多的学者针对这一关键问题做了很有意义的研究，提出了很多路径规划方法，如图10所示的往复直线填充路径、轮廓偏置填充路径、分区填充路径、复合式填充路径等，而具体路径规划方案的选取则需要根据目标产品的具体形状、精度、工期等方面要求来综合选定[3]。

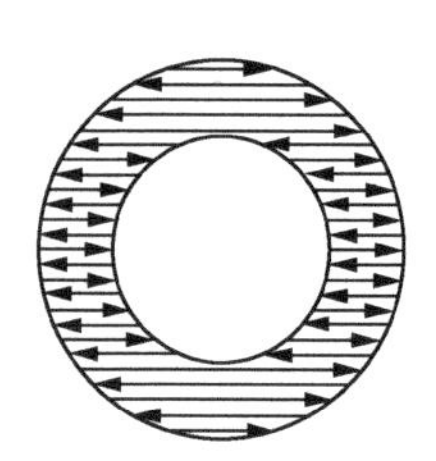

（a）往复直线填充路径

（b）轮廓偏置填充路径

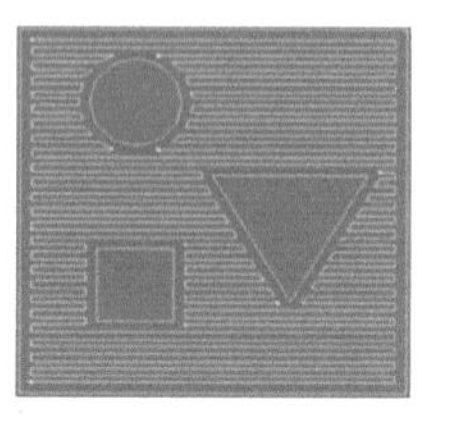

（c）分区填充路径

（d）复合式填充路径

图 10　增材制造三维模型分层的路径规划

电弧增材制造方法

电弧增材制造是对一类技术的总称，目前主流的电弧增材制造方法有三种：基于熔化极的电弧增材制造、基于非熔化极的电弧增材制造，以及基于等离子弧的增材制造，如图 11 所示。

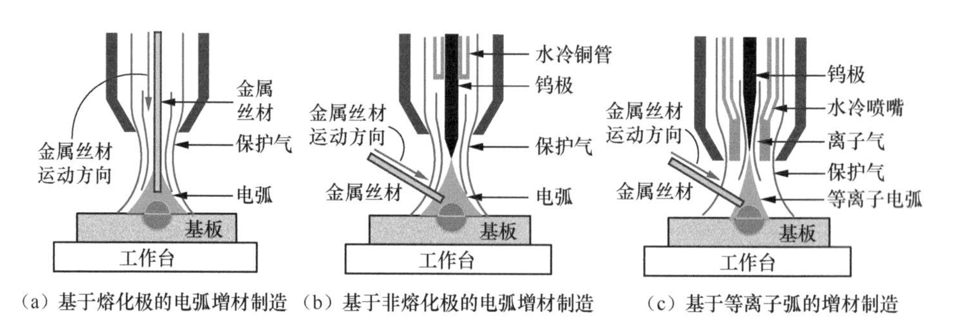

（a）基于熔化极的电弧增材制造（b）基于非熔化极的电弧增材制造（c）基于等离子弧的增材制造

图 11　主流的电弧增材制造方法

1. 基于熔化极的电弧增材制造

基于熔化极的电弧增材制造方法是利用被连续送进的金属丝材作为电极，并在金属丝材与金属工件（基板）之间生成电弧来加热、熔化金属丝材，进而熔覆成形，如图 11(a）所示。在基于熔化极的电弧增材制造中，用于形成电弧的两个电极分别为金属丝材和已成形部分或者金属工件（基板），当电弧形成后，作为电极的金属丝材被熔化的同时，送丝机构又输送过来新的金属丝材对已经熔化损失的部分进行补充，这也是被称为熔化极的原因。

基于熔化极的电弧增材制造工艺还包括了许多具体的变体技术。比如奥地利 Fronius 公司开发出了冷金属过渡（cold metal transfer，CMT）技术，这一技术具有效率高、低热输入和无飞溅等特点，因此而被广泛应用于电弧增材制造中[4]。这一项技术的电弧和送丝都是断断续续的，从而减少来自于电弧的热量的供给以降低熔化的金属液滴的温度，这样一来可以缓解熔池飞溅和气孔产生等问题。双丝熔化极电弧增材制造是另一种变体技术[5]，它的基本原理如图 12 所示，在这一技术中，两根丝材产生的电弧在同一个熔池中燃烧。双丝熔化极电弧增材制造不仅实现沉积速率的提高，成形件的强度和延伸性也都能得到提升，最重要的是，使用两种不同材料的丝材就能实现异种金属的混合制造，从而改善成形件的性能。

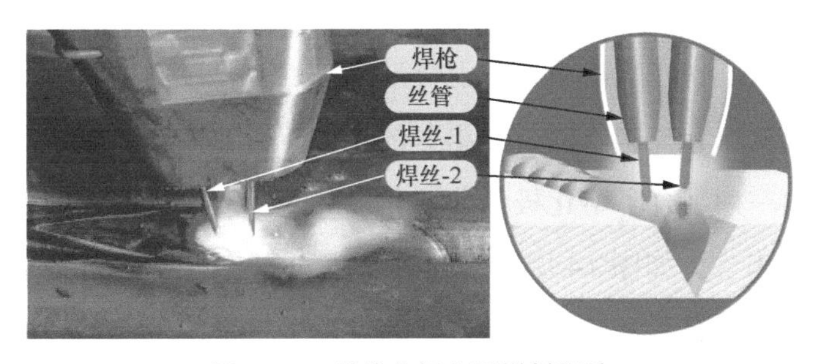

图 12　双丝熔化极电弧增材制造

2. 基于非熔化极的电弧增材制造

基于非熔化极的电弧增材制造方法是利用在不熔化的钨极与金属工件之间建立的电弧来加热、熔化金属，进而熔覆成形。与基于熔化极的电弧增材制造不同，在基于非熔化极的电弧增材制造过程中，金属丝材不再被作为电极，而是采用了一个钨棒作为电极，称为钨极。由于钨极直接接触高温电弧，所以要对它进行降温，因此钨极通常和水冷铜管紧密接触，用以保证钨极的导电性和冷却性。钨极与金属工件（或基板）之间产生电弧后，送丝系统将金属丝材送入电弧中熔化堆积，如图 11(b)所示。

基于非熔化极的电弧增材制造领域也有很多创新研究。北京航空航天大学齐铂金团队将超声技术与先进的电源技术结合，开发了超音频脉冲非熔化极电弧电源装备，并将其应用在了增材制造中[6]。这种电源装备可以产生快速变换的超音频方波脉冲电流，其变换速度每秒可超过两万次。叠加了超音频方波脉冲电流的电弧能量密度会更高，电弧力也会更强，因此可以把金属熔化得更加彻底，减小了成形件的表面粗糙度。此外，类似于眼镜店的“超声清洗”，超音频方波脉冲产生的超声效应能够引起熔池振荡，使得熔池中的气体能够加速析出以起到细化晶粒的作用，实现成形件的气孔率降低、微观组织细化。因此，使用超音频脉冲非熔化极电弧进行增材制造能够得到各项性能良好的成形构件。当然，和基于熔化极的电弧增材制造类似，基于非熔化极的电弧增材制造也有双丝技术，如图 13 所示。两种不同的金属丝材从不同的送丝系统被送入同一个电弧下熔化，两种物质的金属丝材在熔池中充分混合形成构件，可以通过调节各种金属丝材的送丝速度达到控制不同材料组分的目的[7]。除同类型电极的双丝增材技术以外，一种结合了熔化极和非熔化极的复合双电极电弧增材制造方法也被研制出来[8]，如图 14 所示，这项技术可以将材料的利用率提高。但是目前对于这些有着多个电极或多丝的电弧增材系统来说，焊枪在移动时金属丝材或者电极的角度和他们的相对位置要满足一定条件，这对增材制造过程的路径规划算法造成了显著的额外约束。

3. 基于等离子弧的增材制造

前面已经提到过，等离子弧是一种压缩电弧，如图 11(c)所示，相较于自由电弧具有更高能量密度（可达到钨极氩弧焊的 3 倍），因此基于等离子弧的增材制造的成形部分变形小，单道成形体积小，焊枪的移动速度也更高。由于等离子弧的高能量密度的特性，使用基于等离子弧的增材制造的热量来源可以得到一些特殊的效果，比如用以制造高强高硬金属和高温合金等。图 15 所示为一种用于制备高强高硬高氮钢产品的双填丝等离子弧增材制造装置 [9]，双丝系统能够很好地利用等离子弧能量密度高这一特点，提高了电弧热量利用率以及熔丝效率，进而提高生产效率。

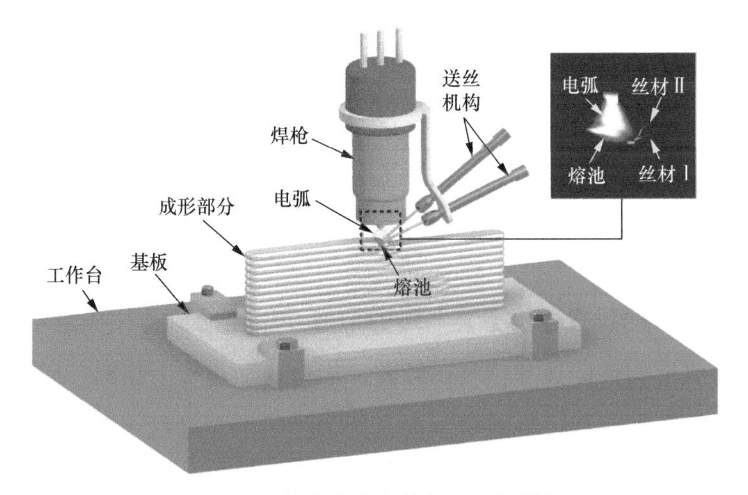

图 13　双丝钨极气体保护焊电弧增材制造

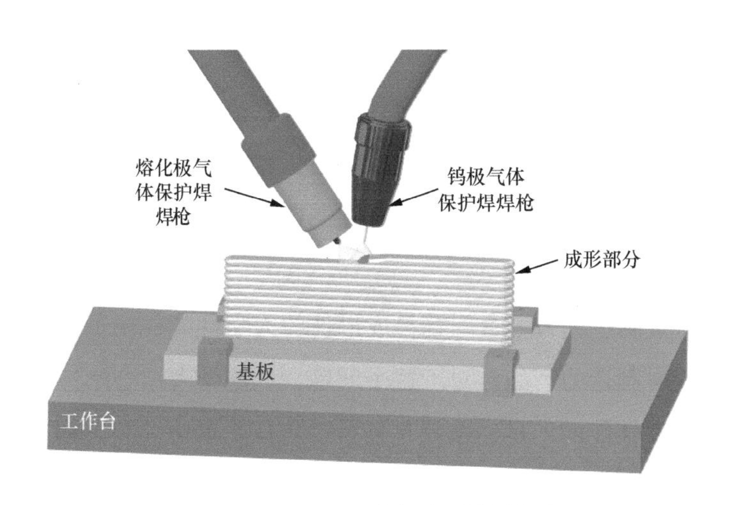

图 14　TIG–MIG 双电极电弧增材制造

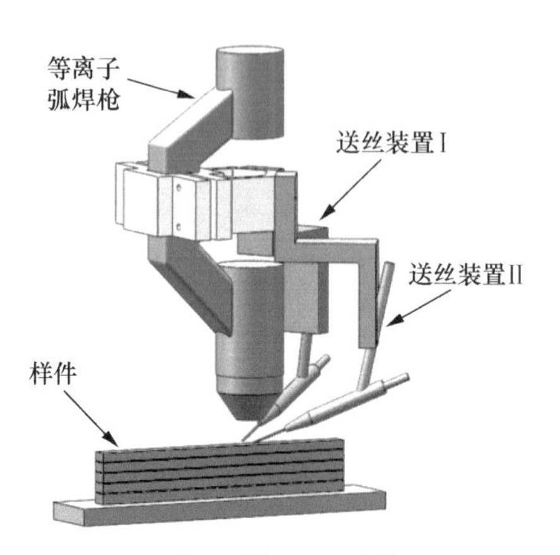

图 15　双填丝等离子弧增材制造装置

4. 复合电弧增材制造工艺

在电弧增材制造过程中，电弧的形态和熔池的流动往往是不稳定的，这就使得成形构件的尺寸精度比较差，构件表面也极为粗糙，因此电弧增材制造往往要在后续进行减材制造，这牺牲了部分增材制造的优越性。北京工业大学陈树君教授团队研制了一种同时带有增材和铣削功能的电弧增减材一体化装备[10]，如图 16 所示，这套设备需要两个机器人协同工作，一个“拿着”焊枪配合送丝系统实现增材；另一个“拿着”铣刀负责“修剪”掉多余部分。在制造时，先是装有焊枪的增材机器人进行增材制造，当金属堆积到一定的高度的时候，另一个减材机器人使用铣刀分别对堆积金属的上表面和侧面进行铣削减材，这样在制造完成后就能得到精度高、表面细致的成形构件了。

电弧增材制造的另一个问题是成形件的力学性能往往不如经过多道工艺的等、减材制造的产品。对于这个问题，一些学者结合塑性加工的方法来消除成形件性能的不足，也就是通过“挤压”的方式将金属变得更“紧实”，让构件变得更“强”，并且学者们基于这种原理开发出电弧增材制造集成化装备系统。华中科技大学的张海鸥教授团队发明了智能微铸锻铣混合制造设备，如图 17 及图 18 所示，它结合了电弧增材成形技术、连续锻压等材成形技术和铣削减材成形技术，在增材制造出来的沉积层未完全凝固的区域进行同步且连续的微锻造，随后对已经凝固的区域采用数控铣削方式去除粗糙外表面和后续难以加工的部分，这使得增材制造的工艺流程更加集成化，也极大缩短了制造的时间成本[11]。

图 16　电弧增减材一体化装备

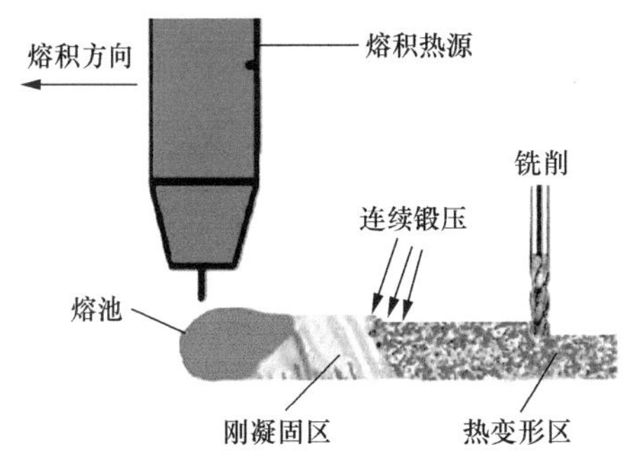

图 17　微铸锻铣混合制造原理

图 18　智能微铸锻铣混合制造设备

电弧增材制造的发展与应用

如前面所述，一百多年前就已经存在了由金属熔滴逐层沉积制造出“3D 打印”的金属材质的装饰物品。20 世纪 70 年代，德国学者首次提出了使用埋弧焊接来熔化金属焊丝去制造大尺寸金属零件的概念，并且他们还使用多种焊丝制作了外壁为梯度材料的压力容器[12]。到了 20 世纪末，英国诺丁汉大学的学者 Spencer 提出熔化极气体保护焊三维堆焊成形方法[13]，采用焊接机器人成形金属零件，如图 19 所示，这是电弧增材制造发展的一个重要阶段。近年来，众多科研院所、高校以及企业对电弧增材制造技术予以高度重视，并且随着研究的深入，电弧增材制造技术也从实验室阶段跨越到了实际应用中，在多个领域出现了电弧增材制造的成熟应用案例。

在海洋工程领域，荷兰 Damen 造船厂与德国 Promarin 螺旋桨制造商合作使用电弧增材制造技术成功制造出供拖船使用的螺旋桨，并且该螺旋桨的质量获得了船级社的认证；荷兰 Huisman 公司应用电弧增材制造技术研制出重达一吨的海上起重机吊钩构件，且还通过了 80 000 t 的载荷试验；华中科技大学的电弧增材制造团队也制造出舰船用的艉轴架[14]，如图 20 所示，这个构件力学性能也优于使用相同材料制造的铸造件。

图 19　机器人气体保护焊三维堆焊成形件

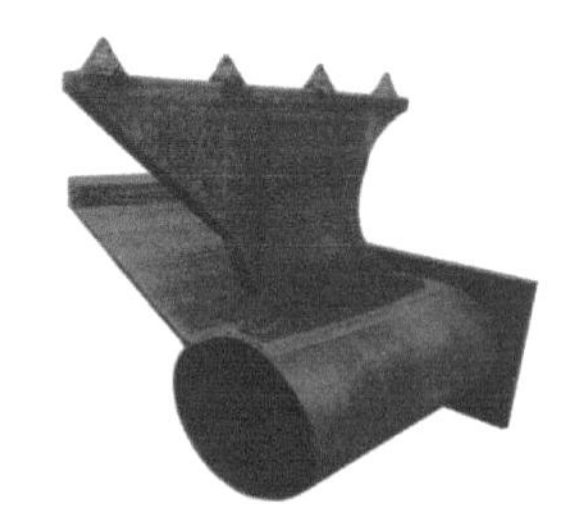

图 20　电弧增材制造的艉轴架

在航空航天领域，英国克兰菲尔德大学的 Williams 教授团队与多个知名企业合作，成功制造出了最大尺寸达 1.5 m 的飞机机翼翼梁、起落架支撑外翼肋等钛合金构件以及整体框梁和肋板等（见图 21），特别是图 21（g）所示的采用基于熔化极的电弧增材制造的钛合金大型框架构件，这个构件的成形仅用了一个小时，沉积速率达到每小时数千克，金属丝材利用率高达 90% 以上。加拿大 Bombardier 公司也使用电弧增材制造技术研制出飞机起落架肋板（见图 22），并且他们还评估出相较于传统制造能节省约 78% 的原材料 [15]。英国宇航系统（BAE System）使用电弧增材制造技术试制了多枚高强钢炮弹壳体 [16]（见图 23）。另外，挪威 Norsk Titanium 公司 2010 年开始开展电弧增材制造装备的商业化开发，所开发的第四代钛合金电弧增材制造装备（见图 24）的最大成形尺寸接近 1 m，这家公司的电弧增材制造钛合金技术在 2016 年获得了美国联邦航空管理局 TRL 8 级认证。

（a）机翼翼梁

（b）起落架支撑外翼肋

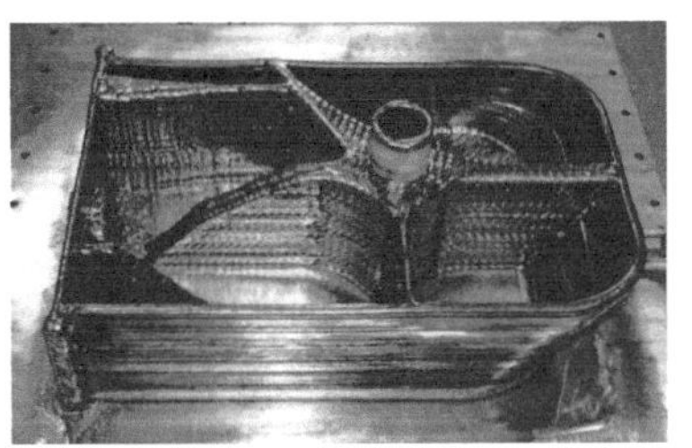

（c）高复杂度验证构件

（d）沉积态整体框梁

（e）机加后的整体框梁

图 21　英国克兰菲尔德大学 Williams 教授团队制造的电弧增材制造构件

（f）铝合金整体肋板构件

（g）使用电弧增材制造的钛合金大型框架构件

图 21　英国克兰菲尔德大学 Williams 教授团队制造的电弧增材制造构件（续）

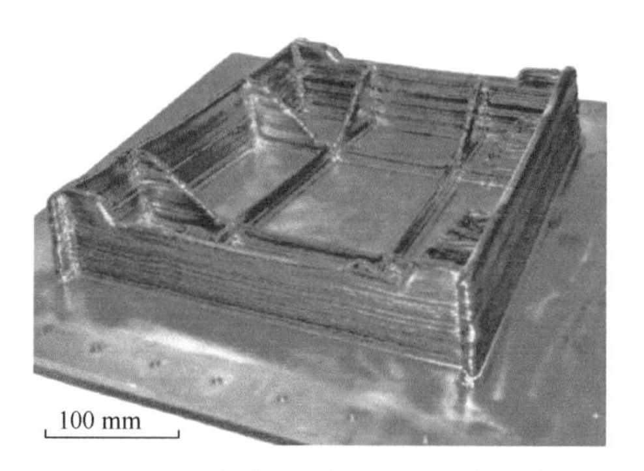

图 22　电弧增材制造的飞机起落架肋板

图 23　电弧增材制造高强钢炮弹壳体

图 24　挪威 Norsk Titanium 公司的第四代钛合金电弧增材制造装备

国内北京航空航天大学、哈尔滨工业大学、华中科技大学、首都航天机械公司、北京航星机器制造公司等单位都开展过针对不同金属材料（钛合金、铝合金、高温合金等）构件的电弧增材制造技术研究，图 25 所示为国内研究机构试制的铝合金壳体类电弧增材制造构件。另外，首都航天机械有限公司和北京航星机械制造公司基于电弧增材制造成功研制出管路支架、壳体、框梁等航空、航天领域关键构件，而且这其中有很多的制造成果都随着我们的航天飞船飞向了太空，有的还应用在了我们国家的载人空间站“天宫”上，在太空中“执行着光荣的任务”。

（a） 4043铝合金壳体模拟件
（首都航天机械公司）

（b）4043铝合金网格结构
（华中科技大学）

（c）5B06铝合金框梁结构
（北京航星机器制造公司）

（d）2219铝合金结构件
（北京航空航天大学）

图 25　国内研究机构试制的铝合金壳体类电弧增材制造构件

太空制造是一个增材制造技术可以在未来去大展拳脚的地方。随着人类探索的脚步从地面迈向太空，从太空逐步走向深空（见图 26 和图 27），不断提升人类在地外空间的生存与活动能力是未来航天探索的核心主题之一。目前我们在空间站使用的所有东西都是从地面通过航天飞船运输到太空中的，而当在太空中需要一些“新东西”（比如维修所需的替换零件、临时任务所需的工具等）的时候，就需要再从地面重新输送。而航天飞船的运输费用是巨大的，如果在太空中有一台 3D 打印机，在原材料充足的情况下，仅需要简单的生产流程就可以制造出任意的我们需要的零件或设备。另外，太空中的零重力、高真空的环境也可能会给制造带来一些意想不到的惊喜。进一步地，可以再想象得远一些，在我们登上月球甚至更远的行星以后，通过开发当地的原材料，利用增材制造技术生产空间用的大型结构，如太阳能发电站、永久性空间住宅、甚至向更远处出发的发射站。电弧增材制造技术得益于它高效的成形能力，必将是太空制造不可或缺的技术之一。

图 26　中国的“天宫”空间站

图 27　欧空局 ESA“月球基地”概念

结语

电弧增材制造技术在制造大型乃至超大型整体结构件方面具有相当高的效率和成本优势，特别是在航空、航天、海洋等领域，其装备构件逐渐向大型化、轻量化、复杂化、集成化的方向发展，电弧增材制造技术可谓是找到了自己的用武之地。畅想在不远的将来，我们可以直接使用电弧增材制造技术来一体化成形火箭舱体、飞机的机身或者是轮船的船体，是多么令人兴奋的事情。另外，由于增材制造将制造流程极致地压缩，我们制造出所需要的零件仅需要一台集成化的增材制造设备，而不是一家工厂、一套完整的生产线，因此空间对制造的约束将变得很小。那么继续畅想并且大批科学家们正在积极工作努力实现，未来我们将不仅仅能够在地球上制造，我们的增材制造还会出现在太空中，利用电弧增材技术在空间站里制造工具，在月球上制造资源采集装备；我们的增材制造也会出现在深海里，利用电弧增材技术在海底实验室制造实验设备，在深海油田中制造开采工具；我们的制造还会出现在地底深处，出现在那些甚至我们人类自身都无法到达的地方。增材制造，将会让我们的设计想象变成实体存在，我们的世界也将会变得更加精彩。

参考文献

[1] BAKER R. Method of making decorative articles[P]. US1533300, 1925-04-14.

[2] 熊华平, 郭绍庆, 刘伟, 等. 航空金属材料增材制造技术[M]. 北京: 航空工业出版社, 2019.

[3] 梁少兵, 王凯, 丁东红, 等. 电弧增材制造路径工艺规划的研究现状与发展[J]. 精密成形工程, 2020, 12(4): 86-93.

[4] ALMEIDAS P S, WILLIAMS S. Innovative process model of Ti-6Al-4V additive layer manufacturing using cold metal transfer (CMT) [J]. Proccedings of the 21st Annual International Solid Freeform Fabrication Symposium, 2010: 25-36.

[5] SOMASHEKARA M A, NAVEEN M, KUMAR A, et al. Investigations into effect of weld-deposition pattern on residual stress evolution for metallic additive manufacturing[J]. The International Journal of Advanced Manufacturing Technology, 2017(90): 2009-2025.

[6] 从保强, 齐铂金, 王强, 等. 电弧填丝增材制造方法及装置[P]. 北京: CN106735730A, 2017-05-31.

[7] QI Z, CONG B Q, QI B J. Microstructure and mechanical properties

of double-wire + arc additively manufactured Al-Cu-Mg alloys[J]. Journal of Materials Processing Technology, 2018(255): 347-353.

[8] YANG D, HE C, ZHANG G. Forming characteristics of thin-wall steel parts by double electrode GMAW based additive manufacturing[J]. Journal of Materials Processing Technology, 2016(227): 153-160.

[9] 汤荣华, 冯曰海, 刘思余, 等. 双填丝等离子弧增材制造高强高硬高氮钢组织与特性研究[J].材料导报, 2022, 36(3): 215-219.

[10] LI F, CHEN S, SHI J. Evaluation and optimization of a hybrid manufacturing process combining wire arc additive manufacturing with milling for the fabrication of stiffened panels[J]. Applied Science, 2017, 7(12). DOI: 10.3390/app7121233.

[11] 张海鸥, 黄丞, 李润声, 等. 高端金属零件微铸锻铣复合超短流程绿色制造方法及其能耗分析[J]. 中国机械工程, 2018, 29(21): 2553-2558.

[12] KUSSMAUL K, SCHOCH F W, LUCHOW H. High quality large components ‘shape welded’ by a SAW process[J]. Welding Journal, 1983(9): 17-24.

[13] SPENCER J D, DICHENS P M, WYKES C M. Rapid prototyping of metal parts by three-dimensional welding[J]. Proceedings of the Institution of Mechanical Engineers, Part B: Journal of Engineering Manufacture, 1998, 212(3): 175-182.

[14] 宋守亮, 余圣甫, 史玉升, 等. 舰船艉轴架电弧熔丝3D打印用金属型药芯丝材的研制[J]. 机械工程材料, 2019, 43(1): 40-44, 49.

[15] 余圣甫, 禹润缜, 何天英, 等.电弧增材制造技术及其应用的研究进展[J].中国材料进展, 2021, 40(3): 198-209.

[16] 田彩兰, 陈济轮, 董鹏, 等. 国外电弧增材制造技术的研究现状及展望[J].航天制造技术, 2015(2): 57-60.

从保强，北京航空航天大学机械工程及自动化学院教授、博士生导师。专注国产化高端电弧熔焊装备关键技术、焊接 / 增材基础理论、电弧增材制造工艺装备研究并服务于国家重大工程，研究成果为我国空间站建设、载人航天工程和武器装备等重点型号产品的研制生产提供了有力保障。担任高校焊接专业党支部书记论坛主任委员，中国机械工程学会高级会员，中国机械工程学会焊接学会青年工作委员会常务委员，中国焊接协会教育与培训工作委员会常务理事，国家“1+X”特殊焊接技术职业技能专家组专家，《焊接技术》副主编、第五届编委，《焊接》青年编委。

激光冲击强化技术

北京航空航天大学机械工程及自动化学院

郭 伟

原子中的电子由高能级回落到低能级时释放出光子会形成一种高能量的光源，即激光。所谓激光冲击强化，就是将高能量、短脉冲的激光照射在金属靶材上，诱导产生高压力的等离子体冲击波，致使材料表面发生严重的塑性变形，从而达到晶粒细化、应力调控等强化效果。在此基础上，研究人员还利用激光冲击诱导塑性变形这一原理进一步发展了激光冲击成形、激光冲击打标等相关技术，在航空航天、能源、交通等领域具有广阔的应用前景。

炫彩斑斓的光

1. 光的定义

在日常生活中，光无处不在，例如植物成长需要的阳光，每天晚上照亮我们的灯光。然而，它们给我们的感觉却不太一样，要了解如此多种类的光，就要先知道什么是光。

如图 1 所示，光其实是一种电磁波，依据波长的不同分成几个区段，如无线电波、微波、红外线、可见光、紫外线、X 射线和 γ 射线等[1]。除了用波长表示外，光子的能量也可以用频率表示。我们平常所说的光一般是指可见光，频率一般在 380 ～ 750 THz。不同区段光的波长的大小相当于不同物体尺寸的大小，如手掌宽度就是无线电波的波长大小，微生物就是紫外线的波长大小，原子是 X 射线波长的大小等。

2. 光的形成

我们看到太阳和灯都会发光，那是太阳内部的核聚变在不断产生能量，是电线在给灯泡输送电能。因此发光其实是一个释放能量的过程。科学家们在研究与实验中发现，温度高于绝对零度（−273.15 ℃）的物体，都在不断向外辐射电磁波。如图 2 所示，当我们把视野聚焦于原子尺度时，可以发现电子围绕原子核不停运动。这些电子具有不同的能量等级，分布在不同的轨道上，我们称之为能级。像江河从高处流向低处，释放的能量用于水力发电一样，电子从高能级向低能级跃迁时，会以电磁波的形成释放出多余的能量[2]。在此过程中，物质会以特定频率发光，其频率取决于发生跃迁的两个能级的能量差。

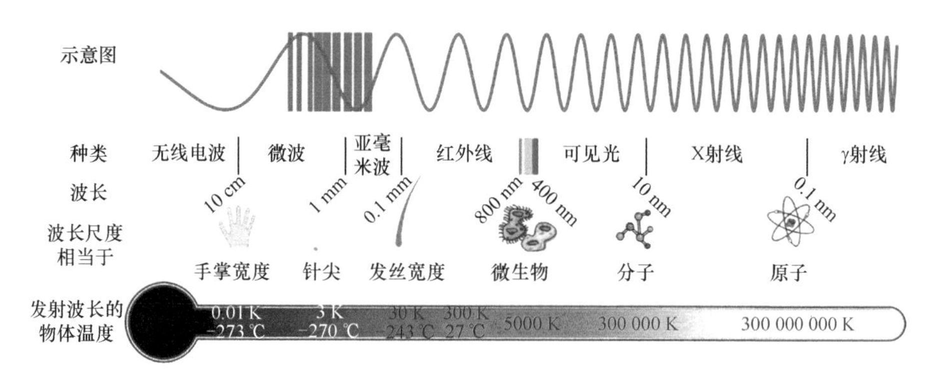

图 1　不同波长的光

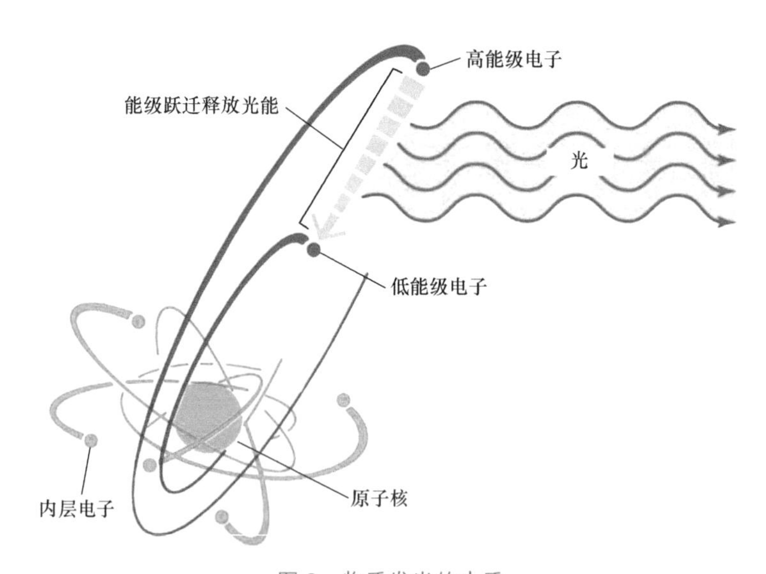

图 2　物质发光的本质

3. 激光的定义

我们平时常见的光一般是多种频率混合之后的光，每个原子发出的光方向也不一样，这是因为电子在许多能级之间跃迁，释放出光的波长是多种多样的。如果我们设法让每个电子从相同的高能级跃迁到相同的低能级，再统一光的方向，就会得到一束准直度高的单色光，也就是激光。如图 3 所示，激光的方向性极强、频率一致，可以把能量集中在很小的范围内，所以我们看到的激光才会这么明亮。

图 3　不同波长的激光

像阳光一样，激光也具有热效应，当其照射在物体上时会发生反射、散射并且将能量传递给被照射的物体，导致物体的温度升高。由此，科学家发明了激光焊接、激光切割等技术。激光极强的方向性使其在传播过程中不易发生散射，由此发展了激光测距技术 [3]。此外，光还具有粒子性，当大量光子撞向物体表面后可以产生压力，形成光压。

激光冲击强化的作用原理

1. 等离子体的形成

激光冲击强化技术是用于改善金属表面性能的一种先进技术。在介绍激光冲击强化技术前，先让我们认识一下什么是等离子体。这对于我们理解激光冲击强化的作用原理极为重要。

等离子体被称为物质的第四种状态[4]。当物质的温度从低到高变化时，物质会依次经历固态、液态和气体三种状态（见图4）。我们以水为例，在常温下，水是液态的。当温度逐渐降低至0 ℃以下后，液态水会逐渐凝结成固体，也就是我们看到的冰块、雪花。而当温度逐渐上升至100 ℃后，从水下向上冒出大量的泡泡，这时的水就处于沸腾状态，水中的泡泡则就是水在沸腾时产生的水蒸气，水的状态也从液态变为气态。当水蒸气的温度进一步升高时，就会使气体分子中的电子获得足够的能量，以克服原子核对它的引力而成为自由电子，同时中性的原子或分子由于失去了带负电荷的电子而变成带正电荷的正离子，也就是所谓的电离状态，最终形成有着等量的电子和离子组成的体系，因此命名为等离子体[5]。这种体系是区别于固体、液体、气体的第四种物质存在形式，从而称为物质的第四态。第四态物质在自然界中普遍存在，宇宙中的大部分星际物质、地球上南北极的极光、雷雨时出现的闪电，人类生活中的霓虹灯、日光灯等，都与第四态密切相关。

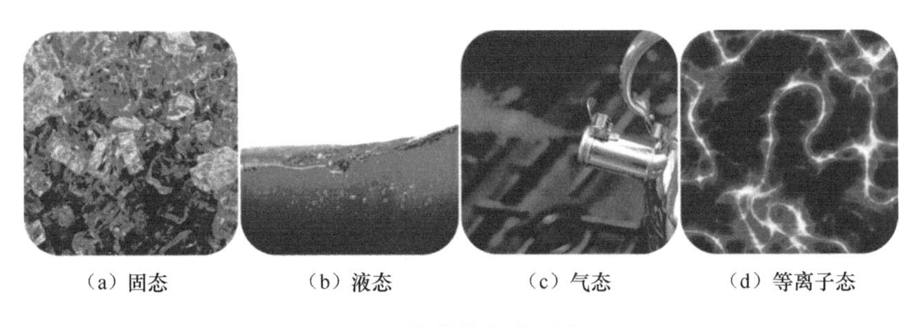
（a）固态　（b）液态　（c）气态　（d）等离子态

图4　物体的存在形态

2. 激光冲击强化的定义

激光冲击强化技术，也称激光喷丸技术。顾名思义，这项技术需要用到的就是激光。这种激光有着极高的能量和极短的脉冲，我们将它称为高能脉冲激光。它是由激光器生成，然后通过反射镜和聚焦镜汇聚成2～6 mm的圆形或方形光斑。如图5所示，在高能激光束辐照于金属材料表面的一瞬间，金属材料的表面就会在短时间内快速吸收大量的激光能量，并在金属表面迅速升温发生气化，在这一过程中会形成大量稠密的高温、高压等离子体。为了保护金属材料不被高能激光束烧蚀，在其表面通常会贴附一层吸收保护层（多为铝箔或黑胶带）。生成的等离子体会继续吸收激光能量急剧升温膨胀，在水膜或玻璃的约束下瞬间爆炸形成高强度冲击波作用于金属表面并传向金属内部[6-7]。这一高能量冲击波的冲击压力极强，威力极大，可以在材料表面留下明显的冲击坑，我们将这种冲击称为塑性变形，这种塑性变形是提升金属材料性能的关键所在。在一束激光照射之后，激光束会从该位置移动到下一个需要冲击的位置，直至完成所有区域的冲击任务。

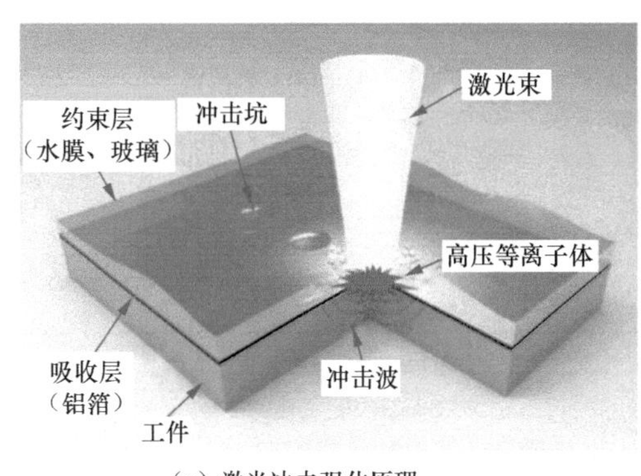

（a）激光冲击强化原理

（b）激光冲击强化实际结果

图 5　激光冲击强化技术示意

3. 激光冲击强化进行表面改性

当我们用显微镜把金属材料放大成百上千倍之后，会发现其中蕴藏着一个全新的世界。这和我们生物课中学到的知识类似，在我们把洋葱放到显微镜下观察时，会在其中看到很多相互连接到一起、大小不一的小单元，我们将这些小单元称为细胞。在我们的金属材料中也有这种“细胞”，它也是我们金属材料的一个小单元，它们大小不一，方向各异，我们将它们称为晶粒。当激光冲击强化在金属材料表面造成剧烈的塑性变形时，这些晶粒也会随之发生压缩、变形，甚至扭转。在这一过程中，有些晶粒会发生破裂由一个大晶粒变成两个、三个，甚至更多的小晶粒。我们将这种现象称为激光冲击强化的晶粒细化作用（见图 6）[8]。除此之外，我们经常会发现某些金属零件发生断裂失效，这其中一部分原因是由疲劳载荷引起。就好比我们拉拽橡皮筋一样，单次的拉拽可能不会损害橡皮筋，但是数次之后橡皮筋就有可能疲劳断裂。我们把这种反复“拉拽”的力称为拉应力。激光冲击强化后，金属材料由于塑性变形形成与拉应力相反的压应力，这些压应力可以抵消外界施加的拉应力，使得实际作用在物体上的力减小，以此增加金属零件的疲劳强度 [9]。

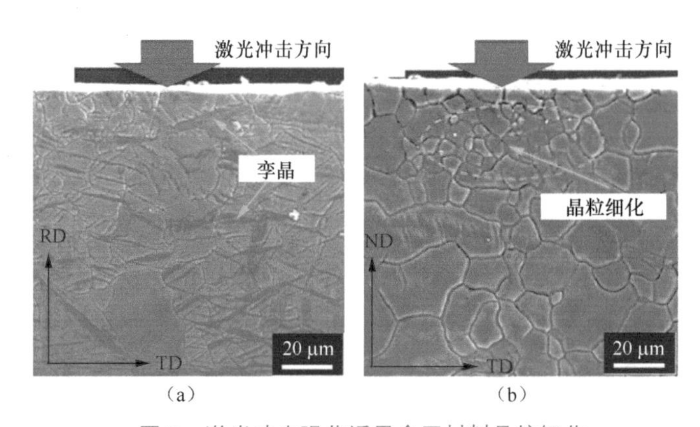

图 6　激光冲击强化诱导金属材料晶粒细化

激光冲击强化的广泛应用

1. 激光冲击强化

对于我们人来说，长时间工作会感到身体乏力，金属零件也是如此。在服役过程中，金属零件表面难免会产生刮擦、锈蚀等破坏点。在交变载荷作用下，金属材料在破坏点处便会形成永久性的累积损伤，经一定循环次数后产生裂纹或突然断裂，我们称为疲劳失效。激光冲击强化作为一种先进的表面改性技术，能在金属表面产生一层厚度可达毫米级的硬化层，并引入有益的残余压应力，这对金属零件疲劳寿命的提升具有重要意义[10]。

在航空航天领域，美国已将激光冲击强化技术广泛应用于F-22战斗机发动机的维护修理当中，使发动机的风扇和压气机整体叶盘的使用寿命延长4～5倍。对于表面已经受损并存在微裂纹的发动机叶片，经激光冲击强化后其疲劳强度仍能恢复至叶片的设计标准。另外，美国也尝试将该技术应用于舰载机尾钩上。在我国，激光冲击强化技术虽起步较晚，但经过广大科研人员的不懈努力，仍取得了一些显著成果[11]。中国科学院沈阳自动化研究所作为国内激光强化技术研究的第一梯队，其自主研发的多种型号激光冲击强化设备为我国航空发动机整体叶盘（见图7）的研发做出了突出贡献。目前，其最新研制的第二代激光冲击强化设备，不仅能强化整体叶盘，还能应对多种关键结构，如焊缝、榫头、榫槽等。

图7　激光冲击强化提高整体叶盘疲劳性能

2. 激光冲击成形

前面提到，激光冲击强化会使金属表面产生塑性变形。想象一下，如果我们能够实现塑性变形的合理设计与调控，是否就可以获得想要的图案或形状，这就是激光冲击成形的含义。如图8所示，通常情况下，在激光冲击成形工艺中往往需要添加一个模具来辅助工件成形。当脉冲激光诱导产生的冲击波压力大于工件材料的动态屈服应力时，工件产生塑性变形而向下弯曲，进而填充微模具，产生可控的塑性变形。由于脉冲激光束光斑直径最小可达微米级，因此可以用于生产至少在二维方向上尺寸小于毫米量级的工件。研究人员还发现，当薄板受激光冲击作用时会发生明显的弯曲变形，并且变形程度可调可控，这表明激光冲击在三维成形方面具有广阔的应用前景[12]。另外，激光冲击成形还可与微镦粗、微铣削、微拉伸等工艺相结合，为微纳制造提供新的制造思路。

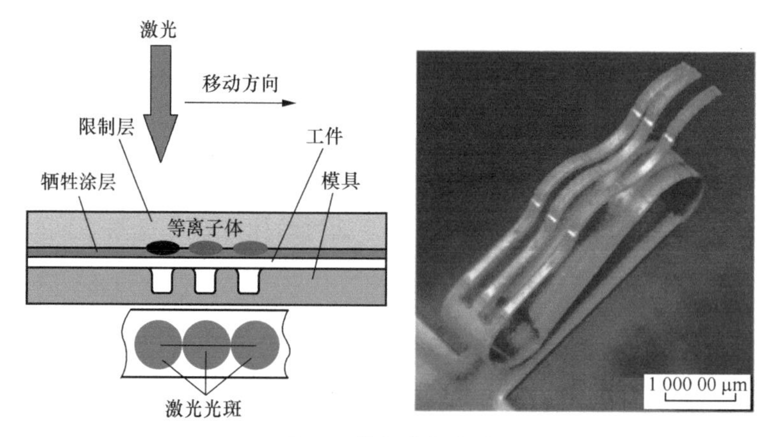

图 8　激光冲击成形

3. 激光冲击打标

激光冲击打标同样是利用高能短脉冲激光产生的冲击波力效应，使金属材料发生清晰的局部塑性形变，形成能被识辨机器识别的标记[13]，如基本字母、逻辑符、数字矩阵、三维图形等，如图 9 所示。目前常用的打标方式有两种：一种是依靠激光或者金属的移动轨迹，直接实现标记符号的打印；另一种是利用标记符号与周围材料的塑性变形程度不同，使标记“浮现”。便捷有效的方法是在试样表面贴敷两层黑胶带，一层完整，另一层是带有打印标记的镂空设计。当两者贴合时，打印区域内具有一层黑胶带，周围区域则为两层。在脉冲激光的照射下，打印区域内产生较高的峰值压力，塑性变形程度严重，但周围区域因峰值压力较小而变形不明显。

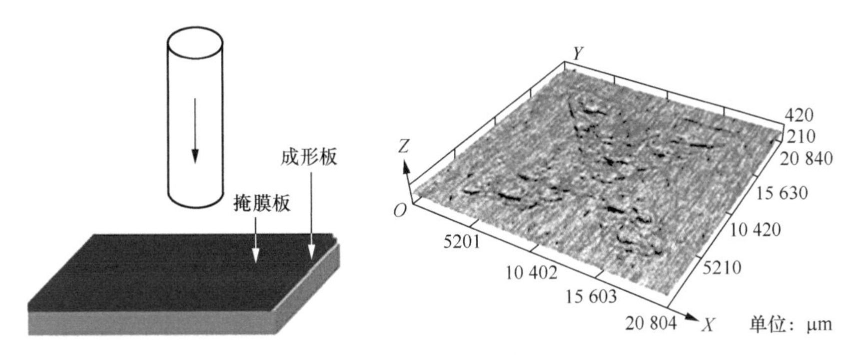

图 9　激光冲击打标

传统的激光雕刻打标是利用激光的热效应，将金属材料进行烧蚀去除。在零件受到交变载荷的状态下，这些标记区容易发展成为疲劳源，严重威胁零件的使用寿命。与之相比，激光冲击打标不存在材料移除，标记表面也没有发生化学变化。同时，零件表面的高压应力能有效抵抗疲劳失效和应力侵蚀裂缝失效[14]。这些特点决定该项技术适合用于安全性能极为重要的零部件打标，在航空航天、精密器件领域将有极为重要的应用。

4. 辅助微纳连接

上述应用都是在激光冲击产生塑性变形的基础上发展而来，而其本身冲击波的力效应在其他领域也同样被得到开发与应用。例如，在微纳连接领域，激光冲击产生的可控压力作用于银纳米线薄膜上，可使薄膜内部随机分布的纳米线产生更多的相互接触点[15]。随后，利用脉冲激光将接触点烧结在一起，最终会形成一层结构致密、性能优异的纳米薄膜（见图 10）。与其他方法制备的材料相比，该薄膜的电导率大幅提升。这一高效且扩展性较强的激光冲击辅助连接技术，为解决半导体微纳米连接难题提供了一种全新的工艺方法，在新能源、生物电子、电池等新兴产业中具有巨大的应用前景。

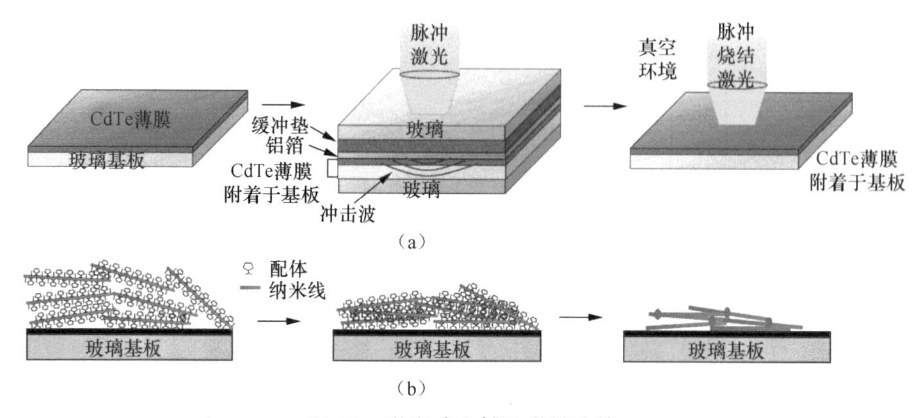

图 10　激光冲击辅助微纳连接

结语

激光冲击强化是一种先进的表面改性技术，通过诱导等离子体冲击波致使材料发生明显的塑性变形，从而显著改善金属零件的机械性能。随着研究的日益深入，该技术在高端装备的制造和特殊零部件的处理过程中扮演着越来越关键的角色，具有不可替代的作用。希望相关研究的同行能够充分发挥自身优势，利用丰富的想象力和卓越的动手能力，推动这项技术的快速发展，为国家的高端制造事业贡献自己的力量。

参考文献

[1]　王之江. 实用光学技术手册[M]. 机械工业出版社, 2007.

[2]　安连生. 应用光学[M]. 3版. 北京理工大学出版社, 2002.

[3]　范滇元. 中国激光技术发展的回顾与展望[J]. 科学中国人, 2003(3): 33-35.

[4]　周有恒. 大有作为的物质第四态——等离子体[J]. 化工之友, 2001(12): 37-38.

[5] 王卫江, 贾凯, 房瑞娜, 等. 激光诱导等离子体辐射特性的研究综述[J]. 激光技术, 2022, 46(4): 499-510.

[6] 吴嘉俊, 赵吉宾, 乔红超, 等. 激光冲击强化技术的应用现状与发展[J]. 光电工程, 2018, 45(2): 6-12.

[7] 孙汝剑, 朱颖, 李刘合, 等. 激光冲击强化对电弧增材2319铝合金微观组织及残余应力的影响[J]. 激光与光电子学进展, 2018, 55(1): 127-133.

[8] MAO B, LIAO Y, LI B. Gradient twinning microstructure generated by laser shock peening in an AZ31B magnesium alloy[J]. Applied Surface Science, 2018(457): 342-351.

[9] MAAWAD E, SANO Y, WAGNER L, et al. Investigation of laser shock peening effects on residual stress state and fatigue performance of titanium alloys[J]. Materials Science and Engineering: A, 2012(536): 82-91.

[10] AGUADO-MONTERO S, NAVARRO C, VÁZQUEZ J, et al. Fatigue behaviour of PBF additive manufactured TI6AL4V alloy after shot and laser peening[J]. International Journal of Fatigue, 2022(154). DOI: 10.1016/j.ijfatigue.2021.106536.

[11] 胡雅骥, 陈彦初, 陈冬. 激光冲击强化技术在航空发动机叶片上的应用研究[J]. 燃气涡轮试验与研究, 2009, 22(3): 54-56.

[12] 任旭东, 张永康, 周建忠, 等. 激光参数对Ti6Al4V钛合金激光冲击成形的影响[J]. 中国有色金属学报, 2006, 16(11): 1850-1854.

[13] LU G X, LI J, ZHANG Y K, et al. A metal marking method based on laser shock processing[J]. Materials and Manufacturing Processes, 2019, 34(6): 598-603.

[14] 王伟, 张永康, 鲁金忠, 等. 基于激光冲击波三维无损打标的数值模拟[J]. 激光技术, 2008, 32(1):37-39,43.

[15] RICKEY K M, NIAN Q, ZHANG G, et al. Welding of semiconductor nanowires by coupling laser-induced peening and localized heating[J]. Scientific Reports, 2015(5). DOI: 10.1038/srep16052.

郭伟，北京航空航天大学机械工程及自动化学院教授、材料加工与控制系教工党支部书记，获中国机械工业联合会科学技术奖特等奖。研究工作瞄准新一代高性能航空发动机、导弹研制迫切需求，从陶瓷与金属异质焊接界面结构设计、高精度复杂构件焊接成形、焊接结构表面强化延寿等方面发展了高可靠性焊接成形及表面强化延寿的工艺、方法与理论，为多个型号预研、技术提升和自主可控提供了技术支持。主持国家自然科学基金、工信部民用飞机科研课题、科工局核专项课题等 10 项国家级或省部级项目，2021 年获批两机专项课题 1 项。以第一 / 通信作者发表 SCI 检索论文 45 篇，JCR-Q1 区论文 26 篇，以第一完成人授权国家发明专利 8 项。

脉冲焊接

北京航空航天大学机械工程与自动化学院

杨明轩

太阳，蓝色星球——地球的能量之源，在长达46亿年的时间长河中源源不断地为我们提供生命繁衍所需的能量。它炙热的表面温度高达5500 ℃，而内部核聚变的温度更是高得吓人，日冕层不断向外喷射着高超声速的带电粒子，这些带电粒子以等离子体的形式从1 Au（天文单位，1 Au约为1.5亿公里）的远处飞向地球，并在地磁场作用下发生偏转、汇集，形成电离层，其能量仍然以辐射的形式传递到地表，最终提供了适宜生命繁衍的温度，同时最大限度避免了带电粒子对地球生命的威胁。当我们站在地球上仰望太阳，你会发现它作为能量源向外散发能量，而我们站在另一端接受光和热，带电粒子作为载体和介质在其间定向运动，这与电极两端的气体放电过程非常相似。“同样的”高温，“同样的”带电粒子运动，“同样的”能量传递过程，一个播撒阳光、滋养万物，一个辐射能量、连接金属，我们的故事就从这段类比生命的能量传递开始。

什么是焊接

利用加热或者加压的方式实现相同或者不同材料间的分子级连接就是焊接，100年是短暂的，焊接经过100年快速从新兴加工技术成为传统加工技术，100年也是漫长的，焊接技术为制造业的快速发展做出了突出贡献。目前作为一种传统加工技术，面对制造领域结构性能的各种缺陷难题，焊接仍在不断突破自我，例如，高频脉冲焊接通过电流的脉动带来放电过程的变化，为改善焊接质量提供了有利条件。

电弧焊接技术

焊接贯穿了人类制造业的百年长河，帮助人类实现不同材料的连接，进而以缝缝补补的方式完成大型构件的结构拼图。为了保证结构完整性与性能可靠性，不同材料间必须达成分子级连接，也就意味着需要相当量级的能量注入，因此，加热与加压就当仁不让地成为焊接工艺中保障紧密的分子级连接的两大主要途径，其中加热的方式就是我们今天的主角。大家所熟悉的热包括太阳光（辐射）、炎热的天气（对流）、烫手的山芋（传导），通过学习我们还知道了蒸汽机车（外燃机）以及燃气轮机（内燃机）完成能量转换将产生热过程，现在人们耳熟能详的火箭发射过程，化学推进剂燃烧会形成能量转换，实现了化石能→内能→机械能的转变。可以说热过程是我们身边最为常见的物理过程，那么焊接所需要的加热如何实现呢？

200 多年前电弧放电现象就被人类所认识，并在随后的时间在实验室中被重现，其中的电、光、热、力等物理现象耀眼地向人们展示了一种新型能量传递形式的诞生。以电为能量源头，通过击穿电极间的气体介质形成不同形式的电压 - 电流特性，当电压较低、电流较高时达到短路过渡形式，该过程产生了大量的热，甚至可以熔化金属。如此可观的能量被工程技术人员捕捉到了，正是充分利用了放电热量，焊接技术应运而生。100 年前第一条管线焊接完成，随后在航空航天、汽车制造、房屋建造等领域的诸多结构制造中发挥了重要作用，如图 1 所示。

图 1　电弧焊接技术的应用

电弧焊接技术从无到有，从科学到工程，从地面到天空，从深空到水下，从军事到生活，成为制造加工的关键技术之一，在航空航天、核能、船舶、石油化工等领域施展拳脚，同时也逐渐从百年前的传奇走下神坛，成为我们可靠的、离不开的，但又平凡的、朴实的好帮手。凡热制造者都有一颗火热的心，如能量输入般汹涌澎湃，但足以熔化高熔点金属的能量必须通过控制和引导才能最大限度发挥作用，因此，凡焊接人都有一颗冷静的大脑，如能量流动般顺畅平静。初心源自能量控制的重要性与难度，怀着对自然的敬畏、对传统的尊重、对未来的遐想，这份初心引领我们踏上征程。

电弧等离子体

电弧焊接的能量来源是电，而在焊接过程中，人们更习惯将电弧视为能量源。电弧是气体放电过程产物，当电极间的氛围气体在电场作用下出现初始电离，由粒子碰撞与电场诱导的带电粒子大量出现，在空间形成电流通路，我们称之为弧柱。实际上我们平时肉眼所见的电弧基本都是弧柱，它可以被视为等离子体。这里我们遇到了一个新的名词：等离子体。当物质的温度从低到高变化时，物质将逐次经历固体、液体和气体三种状态，当温度进一步升高时，气体中的原子 / 分子将呈现电离状态，形成电子、离子组成的体系，这种由大量带电粒子 / 中性粒子组成的体系便是等离子体，因此等离子体被称为物质第四态。等离子体广泛存在于宇宙空间（从电离层到宇宙深处的物质几乎都处于电离状态），宇宙空间 99% 是等离子体，地球表面几乎没有自然存在的等离子体。等离子体包含两到三种不同组成粒子：自由电子、带正电的离子和未电离的原子。这使得我们针对不同的组分定义不同的温度：电子温度和离子温度。轻度电离的等离子体，离子温度一般远低于电子温度，被称为“低温等离子体”，人造等离子体一般属于这一类型，与之对应的高度电离的等离子体中，离子温度和电子温度都很高，被称为“高温等离子体”，一般只存在于星际中。那么电弧放电属于哪一类等离子体呢？可以熔化金属的温度属于“高温”还是“低温”呢？关键的判据就是一个耳熟能详的词：热力学平衡。高温等离子体内部温度足够高，电子运动动能足够大，以电子为载体可以将能量通过碰撞充分传递给等离子体内的所有粒子，因此电子、离子、中性粒子的温度相等，此时达到热力学平衡状态。正如前面提到的，人造等离子体一般属于低温等离子体，这就意味着它内部各种粒子的温度是不相等的。我们可以很容易地推断出质量最小、最容易获得较大速度的电子具有更高的温度，相应地，阳离子和中性粒子的温度较低，这就是低温等离子体的显著特征。低温等离子体又分为热等离子体和冷等离子体，我们可以笼统地以温度来区分它们，当然也可以用刚才提到的热力学平衡更科学地认识它们。电弧放电属于热等离子体，直观上看它的温度更高，这是为什么呢？虽然整体上它并不满足热力学平衡，但在相当大的空间中对外呈电中性，热电离足够提供带电粒子，电子作为载体充分传递能量，这些熟悉的场景不由得让我们想到了热力学平衡，更神奇的是，几乎所有热力学平衡条件下的物理规律此时也都成立了，给研究带来了极大的便利。这样的平衡给人们提供了一种很好的假设和判据，也就注定了它在等离子体放电中的重要地位，同时又因为它并不在全部空间成立，因此就有了一个新的名词：局部热力学平衡（local thermal equilibrium，LTE）。与热等离子体相对应的是冷等离子体，它一般存在于数百帕的低气压下，由于碰撞不充分而达不到热平衡状态，也就是偏离了热力学平衡，因此又被称为非平衡等离子体。所以下次再有人对此感到疑惑时，我们就可以告诉他，天体、核聚变属于高温等离子体，而大多数人造等离子体都是低温等离子体，不要忘了电弧属于低温中的热等离子体，可不要因为“低温”二字就小看它，它的温度到底有多低呢？很快咱们就会看到了。

自汤森提出气体放电理论以及三种电离过程之后，人们开始沿着法拉第的放电实验继续前进，并将法拉第发现的放电定义为辉光放电，而正是由于对电弧放电的研究与分析，人们补齐了从暗放电到短路过渡的全部电压 - 电流特性关系，即伏安特性，如图 2 所示。从图中可以清晰地发现，从暗放电到辉光放电，放电电压总体呈现下降趋势，放电电流逐渐增大，当电流增大到短路过渡特性时，放电后的维弧电压大幅降低，电弧成为电流、热流通道和能量载体。

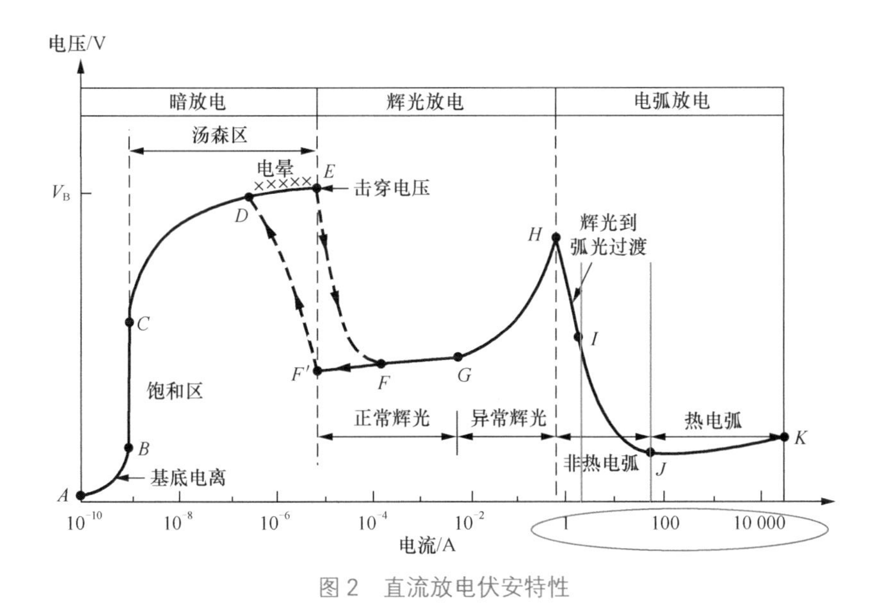

图 2　直流放电伏安特性

由此我们可以总结出，一种新的能量能以物质第四态传递，而且这个能量量级极大，至少在地球大气环境是极大的，如此巨大的能量足以熔化金属，实现结构连接，哪怕它属于低温等离子体。所以这表明电弧很棒，但是它会不会带来什么问题呢？看看下面这里例子：每当副热带低压控制下的酷暑来临，热气腾腾的人们无从排遣体内多余的热量，只觉浑身在膨胀，煎熬于自然桑拿。当我们汗如雨下，无不期盼太阳辐射能绕开人体，此时的我们像极了焊接过程中被加热的金属材料，电弧这个低温等离子体的中心温度一般能达到 18 000 K 以上，甚至高于太阳的表面温度，非熔化区域的材料并不参与连接却忍受着高温的炙烤而无法伸展，它们拼命膨胀，尽可能地向外排出热量。当一切冷去如初时，该区域如同伏暑下虚脱的我们，力学性能大幅降低，这就是焊接领域大名鼎鼎的热影响区，高温加热、停留使得这里成为焊接接头性能最薄弱的区域，大部分焊接结构失效都发生在这里。在高温环境下保证热影响区的“舒适体感”，这是能量控制的自然之道，也是我们对热制造初心的切身感受，只有控制好能量传递和热量分布，才能将电弧传递的能量发挥到最大、最恰如其分。还记得刚才提到的“低温等离子体”吗？事实上，温度在 30 000 K 以下的等离子体都可以认为属于低温等离子体！因此，低温并不代表凉爽或可以触摸，就像无线通信中低频并不意味着人耳能听到，在工程应用中，大、小、高、低都需要结合学科方向、专业类别、技术特点、应用领域具体问题具体分析，而不能一概而论。

脉冲电弧焊接

随着新材料的不断产生、新能源的不断开发和新结构的不断使用，焊接技术面临着新的挑战[1-3]。各种新型焊接方法不断涌现，然而传统电弧焊技术因其价格低廉、使用方便等优势，在工业生产中仍然占据着主要的地位。但是用电弧能量加热熔化一条毫米级焊缝，犹如一把钝口的大刀劈向地缝，为了弥补准确性上的缺陷，用更大的作用面积保证对作用区域的全覆盖。这一方面降低了能量的聚焦性，另一方面也极易伤及无辜的非熔化金属。在电弧焊接过程中，母材在电弧热作用下被加热熔化形成熔池，随着热源的移动，熔化金属逐渐冷却凝固，从而形成焊缝，这一过程将对焊缝的几何尺寸及接头质量均产生重要影响[4]。熔池流动行为是电弧行为的直接影响对象，也是连接电弧作用与焊后试样焊缝成形、组织性能的中间要素，熔池中的高温液态金属在各种因素的作用下，将发生强烈的搅拌运动，正是因为这种运动使得熔池中的温度分布趋于均匀，因此熔池中的热流行为是十分复杂的。我们发现，以电弧放电为能量输入，金属熔化为载体，接头组织性能为输出，三者一线贯穿，这也就为研究人员探索进一步提高焊接质量的技术方法提供了重要指引。

21 世纪的第一个十年，我们以恒压源、IGBT 开关电路、脉冲斩波电路、精准的低压控制电路为依托，连续突破了电流极性快速变换、超高频脉冲方波电流波形特征参数精确调控、电流低耗不失真高效大功率传输等三大关键技术，一种全新的主电源拓扑为提高关键结构件焊接质量提供了新思路。该电源原理如图 3 所示，输出电流峰值可达 500 A，最大脉冲电流频率为 100 kHz，电流沿变化速率为 50 A/μs。至此，高频脉冲电弧焊接技术以更高的能量集中度，更强的能量穿透性使得较低能量输入获得较大熔化效率成为可能，为能量输入控制提供了坚实的支撑，我们拥有了锋利的刀刃。

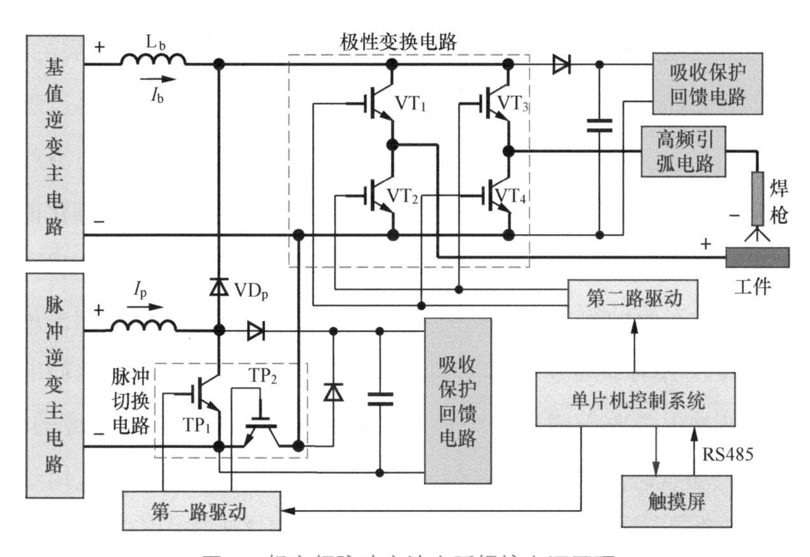

图 3　超高频脉冲方波电弧焊接电源原理

脉冲电弧受时变电场、磁场影响将会产生具有周期性变化特征的电弧温度分布、力分布、粒子运动等，从而产生时变的热效应及电磁力，电弧形态收缩，其电弧电压、能量密度、等离子流速度等均会增加[5-6]。在定向电流的作用下，电弧自激电磁场对带电粒子会产生洛仑兹力作用，让带电粒子的运动轨迹出现偏转，这样在宏观上就会出现能量相对集中的区域。

一般地，焊接电弧的宏观物理行为可通过传感技术捕捉，并基于图像识别、模拟计算等手段进行分析。例如：有学者通过高速摄像技术捕捉到了焊接电弧的瞬态行为[7-8]，并对其进行了图像处理，结果发现可根据光/色彩的感知来表征电弧的能量分布；有学者通过建立电弧二/三维模型对等离子体导电性、热导性、等离子流动力学等宏观物理行为进行了分析[9-10]；有学者通过光谱仪及光栅成功获取了直流焊接过程中的电弧光谱，分析了不同电流条件下的谱线特征及主要带电粒子在电弧中的分布[11]。以上研究为电弧行为的控制提供了可能。熔化行为反映了外部热源的热力特性，同时熔化金属流动及温度扩散将直接影响凝固结晶过程，因此可通过传热、传质、对流过程及施加外部场来实现对凝固组织的控制。针对低频脉冲电弧的研究发现，脉冲电流将引发电弧收缩[12]，增强电弧挺度和能量密度[13]，当电弧等离子流撞击液体表面时会引起高温液态金属的流动，影响液-固交界面的形状[14]，这也将对熔化金属的流动及传热过程产生作用，甚至使其出现受迫流动[15]。另有学者指出：低频脉冲调制产生的断续电弧力对熔池进行冲刷，可控制熔化金属结晶过程，获得细化的凝固组织，提高凝固组织强度及塑性[16]。我们课题组针对高频脉冲电弧行为、熔池熔化及稳态流动等开展基础研究，特别关注了多相界面自由变形、电弧能量分布及其对钛合金焊接接头性能的影响[17-18]。与低频脉冲电弧相比，高频脉冲电弧收缩效应更为显著，随着电弧挺度及能量密度的增大，熔化金属流动状态及温度分布将随之发生变化[19]，将该技术应用于高强铝合金、钛合金、高强钢及高温合金等材料的焊接生产中，其独特的电弧超声及高频效应可有效清除焊缝气孔缺陷。目前，超高频脉冲方波弧焊技术已成功应用于图4所示的某型号滑油箱、某型号低温燃料贮箱组件等的焊接与修复再制造，焊缝质量达航天工程I级焊缝标准。“超音频方波大功率脉冲焊接电源技术及装备”获2014年国防技术发明奖三等奖，入选中国焊接学会《中国焊接1994—2016》，被认为是“20年来熔化焊最新技术代表”。相关研究累计发表SCI/EI检索论文100余篇，国家授权发明专利 30 项。从航空航天到船舶核电，从发动机、燃料箱到大舱体、反应堆，高频脉冲电弧焊接以气孔清除率、晶粒细化、性能强化等优势助力中国智造扬帆远航。

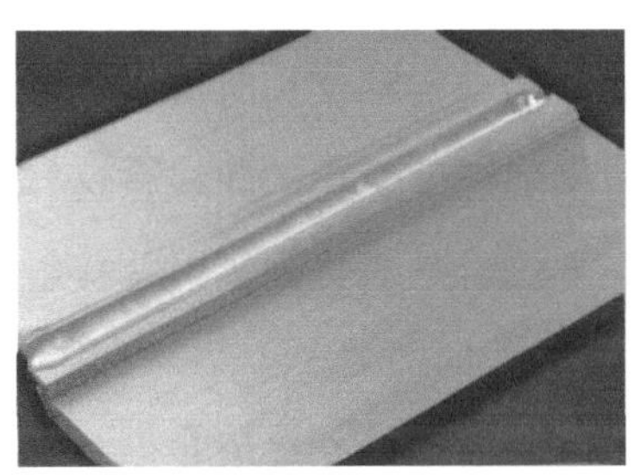
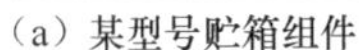
（a）某型号贮箱组件

（b）某型号滑油箱

图 4　超音频方波大功率脉冲焊接电源典型技术应用

可视化焊接

在实现工艺创新、质量攻关的过程中，我们为焊接配备了可视化技术，这就是基于机器学习算法模型来实现高频电弧及熔化金属温度场预测、调控参数域精确划分，从而保证了监测分析的时效性、瞬态行为的准确性、工艺优化的可靠性。但是实现这一目标并不轻松，需要首先准确重构焊接过程的温度场。试想一下，在生活中我们是如何感知温度的？大家一定能想到温度计，或者用手感觉冷暖，这些方式一般都需要与被测物体充分接触，这就是接触式测温。但在面对炙热的低温等离子体以及接受放电热输入而熔化的金属时，生活中常用的接触式测温工具就很难胜任了，现在我们有两个选择：一是选用高温热电耦，它可以在极高的耐温下通过接触模式测温，遗憾的是它的最高耐温仅可适用于部分低熔点合金材料，比电弧等离子体的高温更是小了 1 个数量级。现在我们需要另一个选择，解决接触式测温方式最高耐温和目标对象高温的矛盾，这就是非接触式测温，其中最常见的一种就是新冠疫情以来我们非常熟悉的红外测温。红外测温的原理不再冗述，简单讲就是每个物体都在不停向外发射红外线，这种红外辐射的能量与物体的温度存在一定关系，因此通过采集红外辐射能量就能计算出目标物体的温度了。简单易懂的原理，适用于所有高于绝对零度的物体，热辐射理论为非接触式测温提供了新的思路，这是理论研究对工程应用的推动。但这种方法并不是一蹴而就的，实际使用时首先需要确定目标的表面发射率，进一步需要建立发射率随温度变化的曲线，这样才能准确实时测温，实验过程中摸索出的校正方法恰是对红外辐射非接触测温的补充，这就是理论与实践的相辅相成。

可视化的思想和方法在脉冲焊接中依然适用，而且给我们带来了不一样的感受。如图 5 所示，基于单色图像法，利用高速照相机对脉冲电弧温度场进行动态监测，通过焊接参数的调节就能精确控制电弧温度分布。在脉冲基值阶段，基值电流产生的电弧温度场与峰值阶段残留的温度场叠加，电弧外轮廓将随着基值电流作用时间的持续而不断趋于减小；在脉冲峰值阶段所表现出的现象与基值阶段正好相反。为了进一步研究其规律，以温度为 10 000 K 的情况为例，选取电弧中温度大于 10 000 K 的等离子体体积变化进行对比分析，在基值阶段电弧中残留的峰值等离子体体积缩小，大概需要 150 μs 才能达到稳定，在峰值阶段电弧中残留的基值等离子体体积扩大也要同等时间才能达到稳定。随脉冲频率的增加，在相同时间内，峰值阶段电弧温度场作用在母材中心处的时间加长，电弧能量更加集中。而温度为 14 000 K 的情况则不尽相同，在基值阶段电弧中，由于峰值阶段残留电弧温度场的缓冲，基值电流产生的等离子体体积不断扩大，而峰值起始阶段由于基值残留电弧温度场的作用，峰值电流产生的等离子体体积先扩大后减小。实际上，脉冲电弧温度场分别由残余温度场与新生温度场组成，由于基 - 峰值电流切换后，残余温度场与新生温度场会相互影响，从而导致电弧温度场需要 150 μs 才能达到稳定。随着脉冲频率的增加，峰值电流作用时间变短，单周期内残余温度场的暂留时间占比不断增大，电弧温度轮廓来不及扩展至最大状态，从而导致电弧温度场“径向压缩”效应越加明显，焊接能量更加集中。

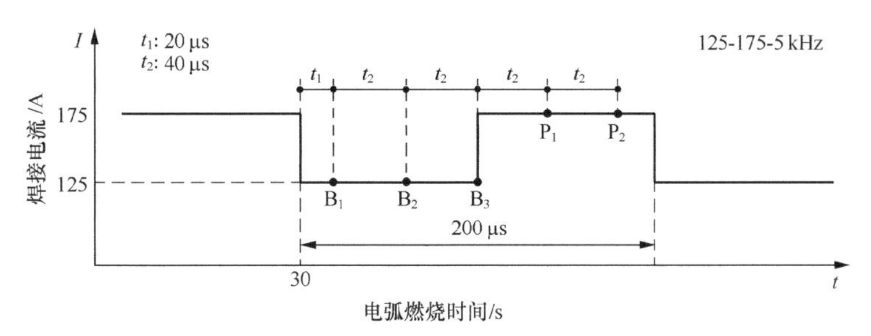

（a）理论汉形下的实际采集时刻点

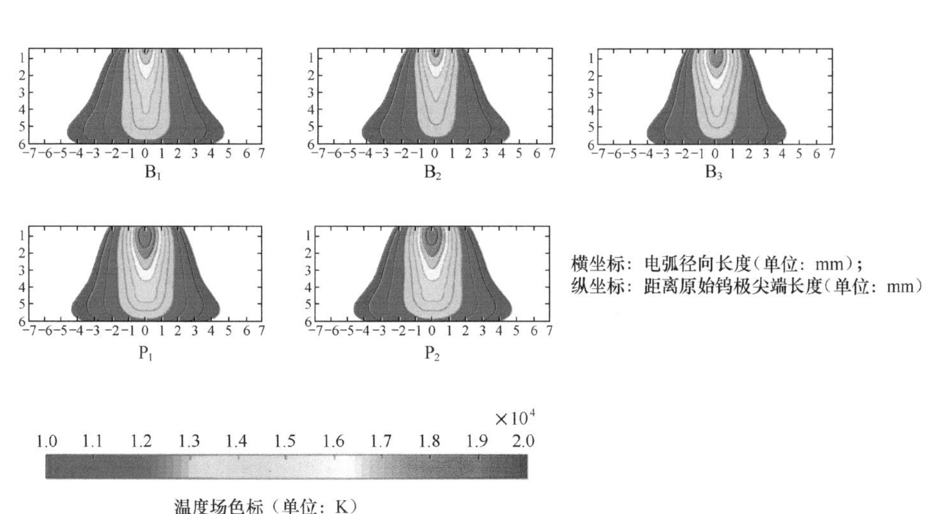

（b）单周期内不同采集点电弧温度场图像

图 5　脉冲焊接电弧温度场可视化

看得见、看得清、看得准，这是焊接过程监测与质量控制的第一步，解决了准确性、可靠性的问题。我们不准备就此停下来，在线监测与分析的目的是为了能快速反馈，也就是时效性。此时，响应时间成为关键参数。我们在高频电弧及熔化金属温度场预测、调控参数域精确划分的基础上，进一步通过建立特征数据库与建模，完成了高频脉冲工艺 - 参数的实时调控，从而突破了高频脉冲电弧行为毫秒级反馈，保障了焊接质量，形成了基于复杂场景视觉的瞬态诊断与反馈技术，指引理论研究和参数优化。

结语

远行，我们在风雨中感知自然的力量，在雷电中感知自然的温度，在彩虹下感知自然的色彩，在四季中感知自然的速度。人类千百年来认识自然、创造文明无不伴随着目之所见，体之所感。电弧等离子体作为热量、冲量、电流的传递载体与通道，放电可视化犹如一双洞察复杂物理场的慧眼，为我们勾勒了热制造的物理本质，同时也为其他领域的应用创造了可能。焊接电弧放电图像识别与脉冲控制衍生了新型脉冲等离子推进器装备技术研究，电弧 / 熔池温度重构技术与光谱诊断保障了镍基合金叶片涂层加工，电弧识别与深度学习模型正实现骨科术中术野特征识别与配准……以视觉为风，慧眼护卫复杂物理场监测分析启航，以思维化雨，慧眼眺望学科交叉更远的边疆。

初心未泯，传统学科依然蕴藏巨大的增长潜力，思维击桨，热制造行业从脚下走向诗和远方。从制造到智造，我们走过了 20 年，未敢停歇，从智造到慧眼，我们期望洞悉物理本质，见微知著。

参考文献

[1] 姚广臣, 贾涛, 臧小惠. 焊接技术现状与发展趋势[J]. 中国科技信息, 2008(6): 62-63.

[2] 王晶. 焊接技术应用展望[J]. 现代焊接, 2010(1): 6-7.

[3] 宗培言. 焊接结构制造技术与装备[M]. 北京: 机械工业出版社, 2007.

[4] 王宗杰. 熔焊方法及设备[M]. 2版. 北京: 机械工业出版社, 2019.

[5] MURPHY A B, TANAKA M, YAMAMOTO K, et al. Modelling

of thermal plasmas for arc welding: the role of the shielding gas properties and of metal vapour[J]. Journal of Physics D: Applied Physics, 2009, 42(19). DOI: 10.1088/0022-3727/42/19/194006.

[6] MURPHY A B. The effect of metal vapour in arc welding[J]. Journal of Physics D: Applied Physics, 2010, 43(43). DOI: 10.1088/0022-3727/43/43/434001.

[7] SCHNICK M, ZSCHETZSCHE M D J. Visualization and optimization of shielding gas flows in arc welding [J]. Welding in the World, 2012, 56(1): 54-61.

[8] TSUJIMURA Y, TANAKA M. Analysis of behavior of arc plasma conditions in MIG welding with metal transfer-visualization of phenomena of welding arc by imagining spectroscopy[J]. Quarterly Journal of the Japan Welding Society, 2012, 30(4): 288-297.

[9] Murphy A B, Tanaka M, Yamamoto K, et al. Modelling of arc welding: the importance of including the arc plasma in the computational domain[J]. Vacuum, 2013, 85(3): 579-584.

[10] LAGO F, GONZALEZ J J, FRETON P, et al. A numerical modelling of an electric arc and its interaction with the anode: Part I. the two-dimensional model[J]. Journal of Physics D: Applied Physics. 2004, 37(6): 883-897.

[11] LI P J, ZHANG Y M. Analysis of an arc light mechanism and its application in sensing of the GTAW process[J]. Welding Journal, 2000, 79(9): 252-260.

[12] BALASUBRAMANIA M, JAYABALAN V, BALASUBRAMANIAN V. Effect of pulsed gas tungsten arc welding on corrosion behavior of Ti–6Al–4V titanium alloy[J]. Materials and Design, 2008, 29(7):

1359-1363.

[13] ONUKI J, ANAZAWA Y, NIHEI M, et al. Development of a new high-frequency, high-peak current power source for high constricted arc formation[J]. Journal of Applied Physics. 2002(41): 5821-5826.

[14] KO S, CHOI S K, YOO C D. Effects of surface depression on pool convection and geometry in stationary GTAW[J]. Welding Journal, 2001(2): 39-45.

[15] 武传松, 郑炜, 吴林. 脉冲电流作用下TIG焊接熔池行为的数值模拟[J]. 金属学报, 1998, 34(4): 416-422.

[16] 陈树君, 张宝良, 殷树言, 等.双脉冲变极性波形对铝合金TIG焊焊接质量的影响[J].电焊机, 2006, 36(2): 7-9, 14.

[17] YANG M X, YANG Z, QI B J, et al. A study on surface depression of molten pool with pulsed welding[J]. Welding Journal, 2014, 93(8): 312-319.

[18] YANG M X, ZHENG H, QI B J, et al. Effect of arc behavior on Ti-6Al-4V welds during high frequency pulsed arc welding[J]. Journal of Materials Processing Technology, 2017, 243(1): 9-15.

[19] QI B J, YANG M X, CONG B Q, et al. The effect of arc behavior on weld geometry by high-frequency pulse GTAW process with 0Cr18Ni9Ti stainless steel[J]. International Journal of Advanced Manufacturing Technology, 2013, 66(9-12): 1545-1553.

杨明轩，北京航空航天大学机械工程及自动化学院副教授、博士生导师，国家级机械与控制工程虚拟仿真实验教学中心第一届教学工作组副主任、北航青年教师发展协会会长、课程教学实践－产教融合基地副主任，IEEE 会员、中国机械工程学会高级会员、中国复合材料学会高级会员、中国焊接学会会员。主要研究领域为复杂场景视觉传感与高频脉冲焊接制造，从事先进连接技术工艺与装备研究十余年，教学工作聚焦机电传动控制、工程热力学、等离子物理。主持、参与国家/北京市自然科学基金、国家重点研发计划课题、航天科技基金、中车研究院前沿项目等 20 余项，发表论文 50 余篇，发明专利近 20 项（转化 2 项）。获北京市青年教师教学基本功比赛工科一等奖（2021）、国防科技发明三等奖（2014）等荣誉。

与人类诞生相伴，与人类文明同行

——切削

北京航空航天大学机械工程及自动化学院

孙剑飞

切削加工是机械制造中最基本的加工方式之一，其工作原理是：利用刀具去除加工对象上的多余材料，最终使得加工对象成为在形状、精度和表面质量等方面均满足预设条件的零件。从旧石器时代开始，人类已经将石斧等切削工具应用到生产生活中；第一次工业革命期间，切削技术加速了蒸汽机的研制与应用进程，而生产力的发展，反向推动了切削技术的快速进步；后来高速钢的出现引起了切削行业的重大变革。现代切削加工技术涉及物理、化学、材料等多个学科，科学技术的进步催生出高速切削、超声切削、精密切削、低温切削等先进前沿切削加工技术。如今，切削加工技术在国民生产中仍占有非常重要的地位，在航空航天为代表的高端装备制造领域应用广泛。

与人类诞生相伴

历史学家认为，刀和火的发现及应用是人类登上历史舞台的重要标志。“刀与火”“刀耕火种”皆与切削技术相关，“刀”为切削之刀，而中华民族的祖先燧人氏钻木取火则用切削工具“钻”来完成。恩格斯在《劳动在从猿到人转变过程中的作用》一文中提出了劳动创造人类的科学理论，该理论指出人类从动物状态中脱离出来的根本原因是劳动。历史和哲学意义上的人类起源于石器时代，人类利用工具开始劳动。人类祖先最先开始应用的便是切削技术，早在旧石器时代，人类就已经开始尝试将刀具应用到生产生活中，可以说切削技术和人类起源密切相关，与人类诞生相伴。

约 170 万年前，云南元谋人就将石砍砸器应用到生产中。根据出土的文物可以判断元谋人会用捶击法制造以及修理石器，会制造刮削器和尖状器，且工具尺寸不大。随着时间的推移，人类使用的工具也不断进步。距今 50 ～ 60 万年的北京猿人，在与大自然搏斗的过程中，制造和使用了各种带刃的石器，如砍砸器、刮削器和尖状器。砍砸器右部圆秃，可作砸用；

左部有锋刃，可作砍用。刮削器和尖状器上则均具有明显的锋利刃部。这些古老的原始工具虽然十分粗糙，但它是一切人为加工的开始，也是研究切削加工起源和发展的宝贵历史资料[1]。

到了新石器时代，生产工具有了很大进步。石刀、石斧、石锛、石镰等都已制造得相当精致。刀体比较匀称，刃部锋利适用，有凸刃、凹刃、圆刃等。在石器上能打出圆度较高的孔，这是钻孔技术的开端。可见当时的人类已能根据不同的加工对象和需要，制作形状和用途各异的切削工具。

与人类文明同行

一直以来，切削技术的进步都是与整个社会文明的发展相伴同行，通过自身的进步助推人类制造技术的发展。

第一次工业革命以蒸汽机的发明和使用为主要标志，然而蒸汽机的发明和制造过程并非一帆风顺。17 世纪 60 年代蒸汽机发展初期，蒸汽机汽缸的制造精度较低，蒸汽机在工作的过程中，经常出现漏气的现象，这直接影响了蒸汽机的热效率，但是受限于当时的制造技术，气缸漏气的问题一直没有得到解决。1774 年，47 岁的威尔金森发明了能够精密加工大炮炮筒的镗床。而这种镗床加工的汽缸，也能满足蒸汽机对于精度的要求。后来经布莱克教授介绍，瓦特结识了威尔金森，在他们的合作下，用镗炮筒的方法制造了蒸汽机的关键零件汽缸和活塞，成功解决了令人最头疼的漏气问题。1784 年，瓦特的蒸汽机装上曲轴、飞轮，活塞可以靠从两边进来的蒸汽连续推动，再不用人力去调节活门，世界上第一台真正的蒸汽机就此诞生。切削技术有力推动了第一次工业革命的发展。

第二次工业革命以来诞生了许多机械加工手段，但切削加工依然处于主体地位。从材料的成形方式把制造分为增材制造、减材制造、变形制造，切削仍然是减材制造中最重要的制造方式。对产品性能的需求使得当前机械制造零件材料愈发难以加工，形状愈发复杂，精度更高，对切削刀具和切削技术不断提出新的挑战。一代装备、一代材料、一代零件、一代工艺、一代切削，切削与工业产品共生、与人类文明同行。

天上飞的、水里游的、地上跑的，大到航空母舰、飞机、火箭，小到芯片，都有切削技术的应用。航母中大量的零件是通过切削加工制造的，芯片中晶圆镀铜后也需要用到切削加工技术。半导体元器件、光学元器件都离不开切削加工。疫情时期的口罩熔喷布生产设备中的关键零件则依赖于小孔切削技术，呼吸机中的大量零件依赖于精密切削加工。

切削加工技术的精密化程度，直接决定了加工零件的制造精度。进入 21 世纪，航空航天、高精密仪器、惯导平台等领域是各国科研工作者研究的热点，各种高精度零件、光学零件以及复杂曲线曲面零件的加工需求日益迫切，这对精密加工技术提出了更高的要求[2]。

如美国国家航空航天局推动的太空开发计划，以制作 1 m 以上反射镜为目标，目的是探测 X 射线等短波 (0.1 ～ 30 nm)。由于 X 射线能量密度高，必须使反射镜表面粗糙度达到埃级来提高反射率。日本超精密加工的应用对象大部分是民用产品，最初从铝、铜轮毂的金刚石切削开始，然后集中于计算机硬盘磁片的大批量生产，随后是用于激光打印机等设备的多面镜的快速金刚石切削，最后是非球面透镜等光学元件的超精密切削。哈勃望远镜的主镜历时多年才加工完成，而历时 20 年，总耗资 100 亿美元的韦伯太空望远镜主镜直径达 6.5 m，是哈勃太空望远镜主镜直径的 2.7 倍，其切削精度更高、难度更大。

航空航天技术的发展过程中，新材料的应用在其中扮演着重要的角色。常常有人说“一代材料，一代产品”。材料的进步特别是新材料的应用对制造工艺却不断提出新的挑战。以航空发动机为例，越先进的发动机越需要应用轻质、高强、耐高温的材料，人们追求产品性能的过程中不断突破材料的需求极限。可是，这些材料在成形过程中对切削技术的要求极为苛刻，反过来又不断挑战切削加工的极限。

以航空发动机为代表的高端装备对切削技术的挑战之一便是材料的难

加工，特别是航空发动机热端部件，它耐高温、强度高，在切削过程中需要用比它强度、硬度高的刀具来进行切削，加工过程中刀具磨损极为严重，有时一个零件的切削时间就要数月以上。航空发动机中应用的一些难加工材料其切削加工性在难度上是普通碳钢的数十倍，有些材料甚至比高速钢刀具硬度还高，这类材料最终的成形方式往往还不得不用切削加工手段。难加工材料的切削加工效率常常成为制约尖端装备生产的瓶颈，促使人们想方设法地提高这类材料的加工效率。人们在装备、刀具、加工方式上动脑筋，以求在切削效率上有所突破。如图 1 所示，作者在实践中采用陶瓷刀具切削某镍基高温合金航空发动机机匣，切削速度比常规切削提高了 50 倍以上，综合切削效率提升 12.5 倍以上，极大地提升了这类零件的加工效率。

图 1　某镍基高温合金航空发动机机匣的高效切削过程

切削加工中伴随着力、热的产生，切削加工也常常会破坏零件内部的残余应力平衡，不可避免地会产生加工变形。如何控制切削加工变形是切削加工工艺研究中永恒的主题。C919 国产大飞机（见图 2）标志性的 4 块曲面风挡玻璃在研制初期也给切削加工带来了难题，其窗框骨架采用整体锻件切削加工而成，材料去除率高达 99% 以上，切削加工变形十分严重。如何抑制其切削加工变形，对其工艺方案所采取的切削策略提出了很大的挑战。北京航空航天大学在参与其加工变形控制技术的攻关中，基于毛坯残余应力精确测量，采用加工变形精确仿真技术进行切削工艺过程优化，为其零件变形控制工艺优化方案提供了参考。

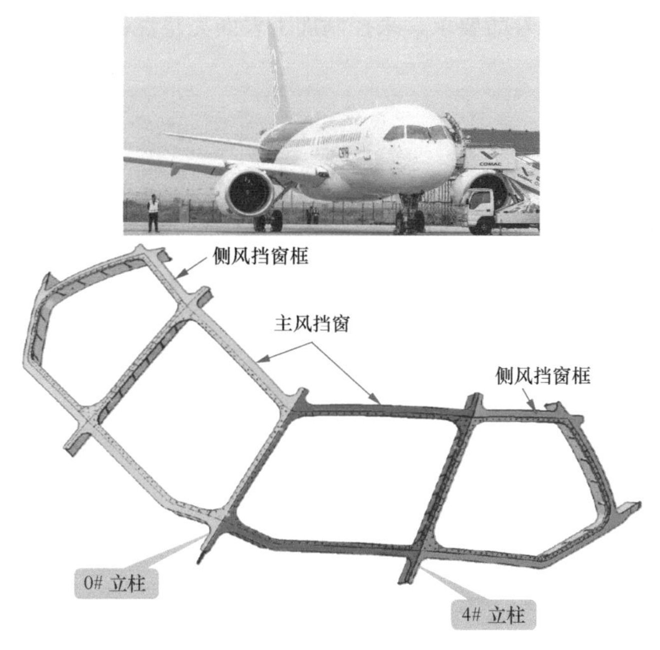

图 2　C919 国产大飞机及其窗框骨架

目前很多航空关键件和重要件的最终成形手段依然是切削，切削在表面加工过程中不可避免地会对加工表面状况产生影响（通常用表面完整性来定义切削加工表面状况）。零件的切削加工表面完整性会很大程度决定零件的服役寿命，对承受交变载荷的运动部件影响更大。当前，人们越来越关注切削加工表面完整性对零件疲劳寿命的影响，进而通过调控切削参数、刀具角度、冷却方式等参量来控制加工表面完整性指标，最终目标是建立加工条件与零件服役寿命之间的映射关系，提升零件服役过程中的可靠性。

切削加工过程中产生的力、热既能使材料分离也会给材料带来损伤，加工出来的表面永远都是“不完美”的，这常常与人们的期待不一样。图 3 所示为航空发动机用镍基高温合金材料切削后的表面实际形貌和变质层情况，这种表面的损伤常常能决定零件最终的使用寿命。图 4 所示为试件因表面损伤而在一定循环载荷次数下所出现的疲劳裂纹及其断口形貌。虽然切削加工的表面损伤不可避免，但科研人员正不断掌握加工表面与零件疲劳寿命的关系，根据零件的疲劳寿命要求，来控制加工表面完整性，实现抗疲劳切削。

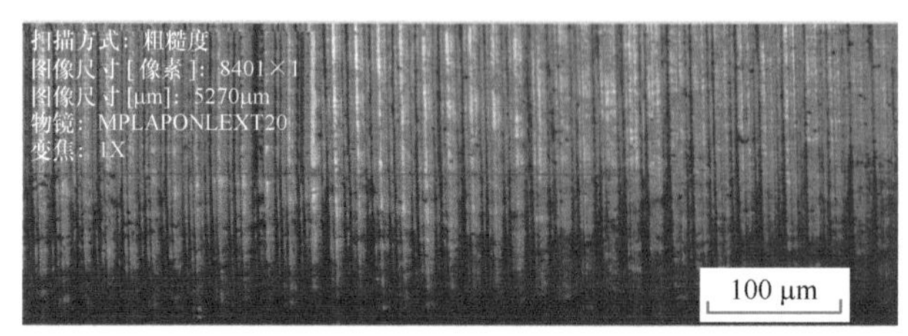

（a）切削加工后的表面形貌（实测）

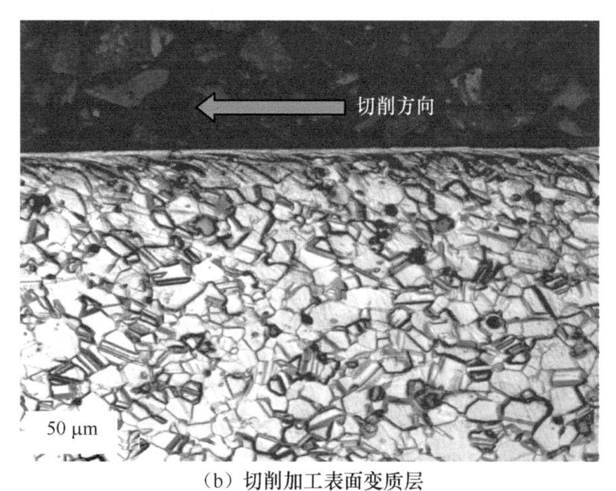

（b）切削加工表面变质层

图 3　实际切削加工表面

图 4　疲劳试件的疲劳裂纹及其断口形貌

改变切削参数可以影响加工表面的创成方式，影响到加工表面，若想按照预期表面损伤来精准的控制加工表面完整性实际上很难。其中一个难点就是如何获得切削加工过程中的应力场与温度场分布情况。图 5 所示为作者团队通过多次试验反复拟合，较为精确地仿真出航天惯控产品中常用的低膨胀合金的切削变形，也进一步实现了切削应力场和温度场较为精确的仿真。只有通过精确建模和仿真，来预测切削过程中的物理过程，才能更准确地预测加工表面的损伤情况。

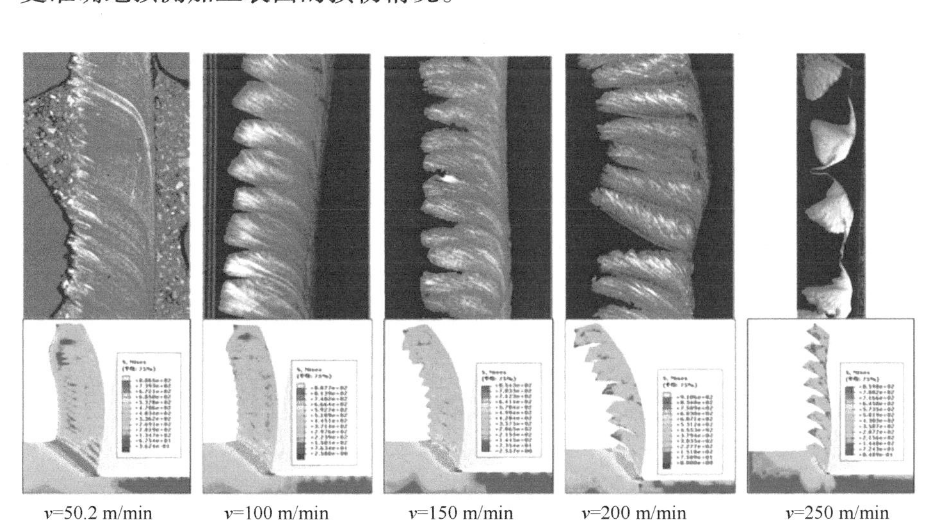

图 5　低膨胀合金在不同切削速度下的切屑变形仿真和实测情况

切削加工过程是一个变质量热力学过程，其典型特征是切削加工中存在着刀具磨损，刀具磨损会对加工表面的几何和物理状态产生影响，进而还会影响到加工表面完整性。对刀具磨损与时间的关系进行定义，离不开磨损模型的建立。建立切削刀具磨损模型，首先要对刀具磨损机理进行分析，图 6 所示为硬质合金刀具切削航空钛合金实际发生的热磨损过程 [3]。

事实上，提出切削热磨损模型，也是依赖于切削加工中的物理仿真，图 7 为对切削物理仿真中的温度场参数提取的过程。通过提取这些温度和压力参数，可以模拟切削过程中刀具材料与工件材料之间的热扩散情况。

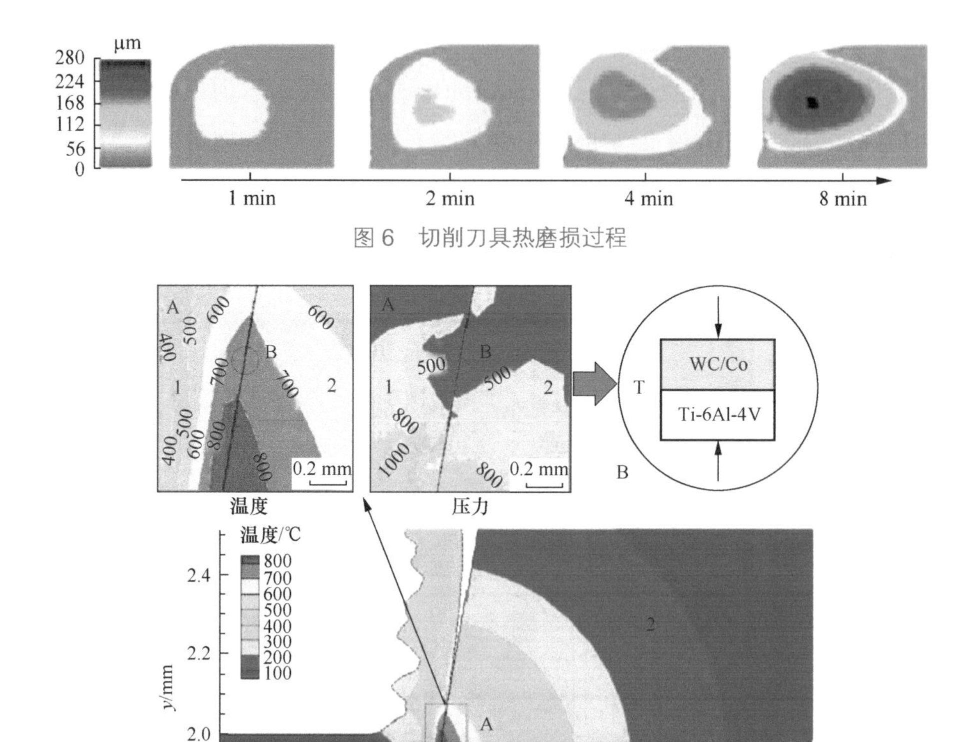

图 6　切削刀具热磨损过程

图 7　钛合金切削过程中的温度场和应力（压力）场分布[3]

在跨尺度仿真分析上，结合分子动力学的仿真，可以再进一步揭示刀具的扩散磨损过程，进而考虑扩散情况建立更为精确的刀具热磨损模型，图 8 所示为切削钛合金时候硬质合金刀具 - 工件界面间的原子扩散情况和分子动力学仿真。

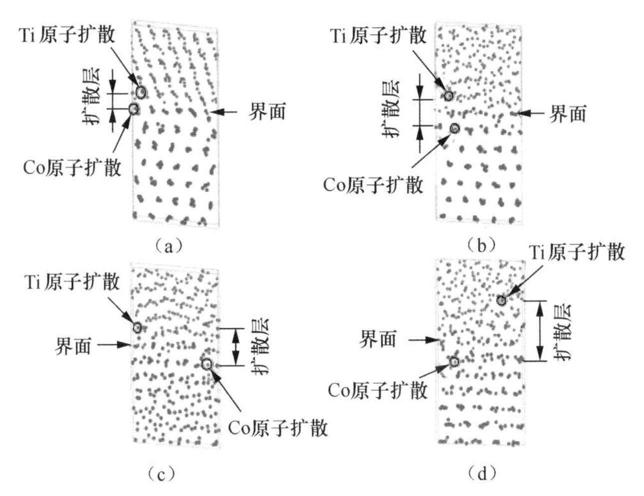

图8　刀具 - 工件表界面的化学成分扩散和分子动力学仿真情况 [4-5]

必要的时候，为了实现精确控形控性、实现更好的加工效果，还需要开发专用的刀具，图 9 所示为作者针对航空发动机叶轮开发的系列锥球头减振切削刀具，主要目的是抑制切削叶轮时候的加工颤振，同时又使刀具具有较好的可达性。为了提高直升机尾轴关键件的疲劳寿命，北京航空航天大学率先提出一种结合激光冲击强化、切削加工微量去除手段的新的控形控性、抗疲劳制造手段——激光冲击强化加工方法（加工原理见图 10），可以显著提高零件的寿命，针对这种加工方法也是专门开发了专用的低损伤切削刀具。

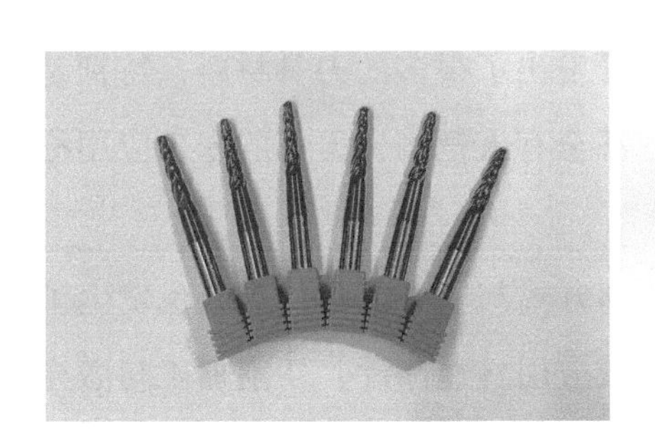

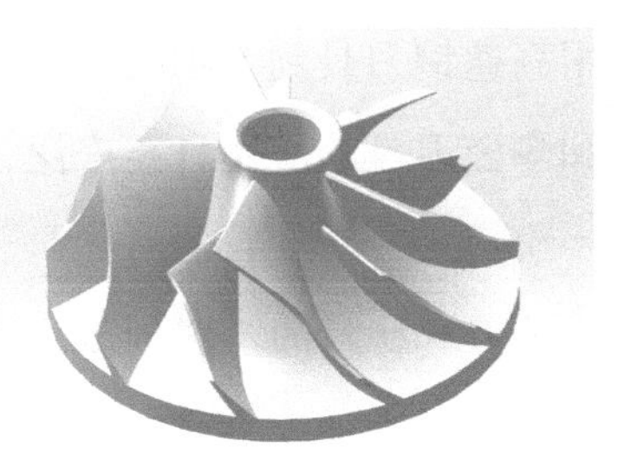

图9　叶轮用锥球头减振刀具

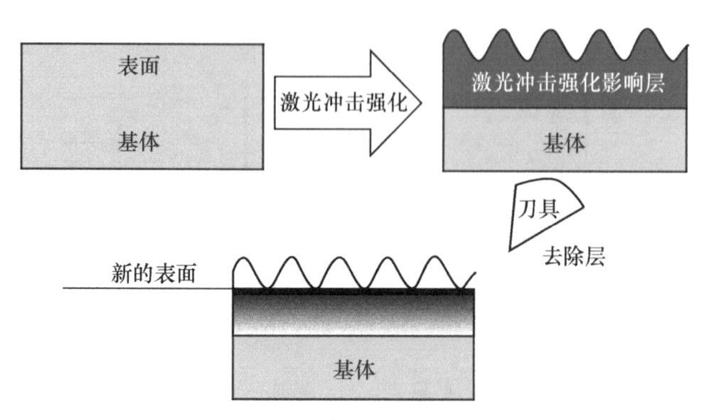

图 10　激光冲击强化加工原理

在可以预见的未来，切削技术虽不断面对新的挑战，但在制造领域仍将扮演重要角色，同时也会与新的技术融合，衍生出更为先进的切削加工技术。

结语

切削工具材料是伴随着材料科学工程的进步逐渐发展起来的，制造的进步常常是随着新型材料的应用而进步，材料的机械性能越好，对切削工具常常要求更高，人们总是期待“削铁如泥”，也曾期待材料“坚不可摧”，“坚不可摧”的材料逼迫“削铁如泥”的刀具不断发展。近百年来，人们从应用高速钢刀具到金刚石刀具，开发出了很多的刀具材料，特别是超硬刀具和陶瓷刀具的应用日益广泛，甚至有人把陶瓷刀具的未来应用称作人类又一次迈入“新新石器时代”。

除了刀具材料的不断创新，切削方式与输入能量的耦合也发生了很多变化，例如超声加工方式在医用领域应用日益广泛，切削加工与激光加工的复合加工方式也称为一种新的加工方式，切削加工与增材制造、微锻复合的加工方式也开始有报道。此外，切削加工目前也向绿色、智能、精密化方向发展，日益焕发新的生命力[6-7]。

切削虽然历史悠久，但其加工瞬态温度场极为复杂，其应变率和毫米内温度梯度接近核爆炸的当量，目前切削加工物理场的测量目前仍然十分困难，加工中的物理本质问题亟待进一步揭示。人们在不断探索切削本质问题的过程中也不断地去通过切削加工研究解决制造中的实际问题，试图揭示其背后的奥妙，这也促使切削加工技术不断向前发展。

参考文献

[1] 于启勋. 切削加工技术发展史[J]. 华侨大学学报(自然科学版), 2003, 24(1): 1-10.

[2] 董吉洪. 精密和超精密加工机床的现状及发展对策[J]. 光机电信息, 2010, 27(10): 1-9.

[3] SUN J F, LIAO X Z, YANG S, et al. Study on predictive modeling for thermal wear of uncoated carbide tool during machining of Ti–6Al–4V[J]. Ceramics International, 2019, 45(12): 15262-15271.

[4] BAI D S, SUN J F, CHEN W Y, et al. Molecular dynamics simulation of the diffusion behaviour between Co and Ti and its effect on the wear of WC/Co tools when titanium alloy is machined[J]. Ceramics International, 2016, 42(15): 17754-17763.

[5] SUN J F，DU D X，DING Z X, et al. Analysis on the wear performances of cemented carbide tools containing Ti in the coatings when machining Ti6Al4V alloys[J]. Journal of Harbin Institute of Technology (New Series), 2021, 28(6): 14-22.

[6] 李长河. 清洁切削加工及赋能技术研究进展与展望[J]. 金属加工(冷加工), 2022(3): 6-8.

[7] 单凯. 刀具与切削加工技术的发展现状与趋势[J]. 中国新技术新产品, 2012(21): 185.

孙剑飞，北京航空航天大学机械工程及自动化学院副教授、博士生导师。担任中国航空航天工具协会理事、中国机械工程学会生产工程分会切削专业委员会委员、中国刀具协会切削先进技术研究会理事、中国刀具协会切削先进技术研究会现代加工专业委员会理事，为多个国家级及省部级项目评审专家，数十个国际国内期刊审稿人。主要从事航空航天难加工材料切削加工技术、航空航天结构件加工变形控制技术、航空航天智能制造工艺与装备技术研究。近五年来，作为负责人主持国家自然科学基金课题 2 项、国家科技重大专项子课题 5 项、省部级项目 4 项、航空航天行业基金 / 产学研基金及企业横向课题 20 余项、北航“青年拔尖人才支持计划”项目 1 项。发表论文 60 余篇，授权发明专利 11 项，获软件著作权 5 项，主编制定并颁布航空刀具标准 1 项。获北京市科技进步奖一等奖 1 项。